建筑施工从业人员
体验式安全教育培训教材

北京城市副中心行政办公区工程建设指挥部

中国建筑工业出版社

图书在版编目（CIP）数据

建筑施工从业人员体验式安全教育培训教材/北京城市
副中心行政办公区工程建设指挥部组织编写 .—北京：
中国建筑工业出版社，2017.6
ISBN 978-7-112-20918-7

Ⅰ.①建…　Ⅱ.①北…　Ⅲ.①建筑工程－工程施工－
安全教育－技术培训－教材　Ⅳ.①TU714

中国版本图书馆 CIP 数据核字(2017)第 132650 号

　　本书内容包括体验式建筑安全教育培训概述；建筑工人入场安全教育培训；
个人安全防护用品体验培训；建筑施工高处作业体验培训；建筑施工机械作业体
验培训；建筑施工临时用电体验培训；建筑施工火灾事故体验培训；建筑施工有
限空间作业体验培训；建筑施工动土作业体验培训；建筑施工日常作业事故体验
培训；网络远程教育与 VR 技术在建筑安全教育培训中的应用。
　　本书适合作为体验式建筑安全教育培训教材使用，也可供相关从业人员
使用。

责任编辑：范业庶　张　磊
责任校对：李美娜　焦　乐

建筑施工从业人员体验式安全教育培训教材
北京城市副中心行政办公区工程建设指挥部
*
中国建筑工业出版社出版、发行(北京海淀三里河路 9 号)
各地新华书店、建筑书店经销
北京建筑工业印刷厂制版
北京建筑工业印刷厂印刷
*
开本：787×1092 毫米　1/16　印张：13¾　字数：335 千字
2017 年 6 月第一版　　2017 年 6 月第一次印刷
定价：45.00 元
ISBN 978-7-112-20918-7
(30567)

编写委员会

主　　任：郑志勇

副主任：陈卫东　陈宏达

主　　编：曾　勃

副主编：陈大伟　韩　萍　杨金峰

编写人员：（按姓氏笔画排序）

于伟杰　马　川　王天赐　王园园　王维宇

王静宇　卢希峰　任　冬　汤玉军　李　丁

李倩倩　杨　顺　吴　晗　沈　洪　张　迪

张广耀　陈　晨　陈卫卫　陈燕鹏　金柴君

周凯辉　赵晨阳　郝正可　郭　旭　董建伟

解金箭　雒智铭　霍田家

序

　　建设北京城市副中心是党中央、国务院作出的重大决策部署，是有序疏解非首都功能、调整北京空间格局、推动京津冀协同发展、探索人口经济密集地区优化开发模式的战略举措。

　　北京城市副中心选址通州区，规划范围约 155 平方公里。其中，行政办公区 6 平方公里。按照北京市委、市政府的决策部署，北京城市副中心行政办公区规划设计方案自 2015 年 4 月开始征集，按照"改革创新、统筹协调、绿色发展、文化传承、宜居社区"的理念，历经多次讨论研究，于 2016 年 6 月 8 日获得通过。

　　自 2016 年 6 月起，行政办公区房屋建筑和市政道路、综合管廊、园林水系、两能地热工程陆续开工建设，数万人建筑大军进驻。针对如此高密度、高难度和高风险的集中建设，北京城市副中心行政办公区工程建设指挥部以保护施工作业人员的生命为根本目标，在安全监管实践中大胆突破，积极拓展和创新，从解决人的不安全行为这一导致伤亡事故的主要因素入手，在行政办公区建设区域建设大规模的安全体验式培训中心，强制推行 100％体验式安全教育培训模式，大大提高了施工作业人员安全意识以及对施工作业危险程度的认知，极大提升了安全教育培训效果，为确保工程建设"零死亡"目标的顺利实现奠定了扎实基础。

　　2017 年 2 月，习近平总书记来到北京城市副中心行政办公区建设工地视察，专程来到城市副中心工程安全体验中心，观看工人安全体验，对体验式安全教育培训模式给予了高度认可，总书记特别强调"安全生产必须落实到工程建设各环节各方面，防止各种安全隐患，确保安全施工，做到安全第一"。

　　为进一步提高北京城市副中心体验式安全教育培训的水平，更好地发挥体验式安全教育培训的作用，北京城市副中心行政办公区工程建设办公室经过近一年的努力，组织行业内科研单位和大型建筑施工企业的专家共同编写了此培训教材。希望此书的出版为保护广大施工作业人员的生命安全提供切实的帮助，为建筑施工企业落实安全教育培训主体责任，深化和完善重大工程政府安全监管工作，促进建筑施工安全生产形势的根本好转作出贡献。

（北京城市副中心行政办公区工程建设指挥部指挥，
北京城市副中心行政办公区工程建设办公室主任）

前　　言

建筑业由于其独特的性质而被认为是世界上高风险的行业。据国际劳工组织（ILO）统计，全球每分钟有 6 人死于职业安全事故，其中 4 人死于建筑业。目前我国正在进行历史上同时也是世界上最大规模的基本建设，2016 年建筑业总产值 19 万亿元，从业人数达到 5185 万人。如此巨大的工程建设规模和庞大的从业人员数量使得安全生产形势异常严峻，2016 年我国建筑业发生死亡事故 3523 起，死亡 3806 人，比 2015 年分别上涨 133% 和 109%，保持了多年的事故呈连续下降的态势被打破。与此同时，造成重大人员伤亡和社会影响的重特大伤亡事故并没有从根本上得到遏制，如 2016 年江西丰城电厂"11·24"事故（74 人遇难）。

事故致因理论和大量建筑伤亡事故案例分析表明，事故主要原因是由人的不安全行为造成的。近年来我国所发生的建筑施工生产安全事故中，其伤亡人员主要是在一线从事施工作业活动的劳务人员，由于缺乏相应的安全教育培训，安全意识淡薄，对于伤害发生的各种条件和原因认识不足，且缺乏必要的安全防护与救护知识，不知道如何自我防护，进城务工劳务人员成为建筑伤亡事故伤害的主要对象。因此，加强建筑安全教育培训工作，创新建筑安全教育培训方式，不断提升施工人员特别是农民工的安全素质，是强化建筑安全管理的基础性工作，也是消除施工安全隐患、防范施工伤亡事故的重要途径，对于构建社会主义和谐社会，促进建筑业的健康发展具有重要意义。

近些年来，各级政府主管部门和广大建筑施工企业高度重视建筑安全教育培训工作，在实践中已形成了一些行之有效的做法，如三级安全教育、入场安全教育、班前安全教育、新职工岗前教育、师傅带徒弟、农民工业余学校等，对于预防和减少建筑施工伤亡事故发挥了重要作用。

但是，当前在建筑安全教育培训工作中仍然存在着诸多问题，最为普遍和突出的就是建筑安全教育培训方式总体上仍然比较落后，主要采取课堂说教为主，而忽视身感体验，甚至由于工期投入等方面的因素搞形式主义走过场，难以激发起施工人员学习的热情和自觉性，致使一些建筑安全教育培训的收效甚微，无法使安全防范意识和安全专业知识深入到每一个接受教育培训的施工人员心里。尤其绝大多数一线农民工对危险认知程度较低，安全意识十分淡薄，可谓"无知者无畏"，在施工现场违章作业和违反劳动纪律现象普遍存在，给建筑施工安全生产带来极大隐患。因此，在大力推进建筑施工企业安全教育培训主体责任落实的同时，如何有效创新建筑安全教育培训方式，努力提高建筑安全教育培训工作的针对性和实效性，让施工一线人员具备"敬畏生命"的安全意识，已成为摆在广大建筑施工企业和各级政府主管部门面前的一个大问题，它将直接影响到建筑施工安全生产管理水平的进一步提升，关系到建筑施工伤亡事故的有效防控，亟待我们花工夫、下力气去加以研究和解决。

2012 年国务院颁发了《国务院安委会关于进一步加强安全培训工作的决定》（安委〔2012〕10 号），其中明确指出，"重点建设一批具有仿真、体感、实操特色的示范培训机构。"目前，在各级住房城乡建设主管部门的指导下，通过许多建筑施工企业的努力，各类体验式的建筑安全教育培训已在我国逐步兴起，并得到快速发展。体验式安全教育培训主要是针对施工现场存在的主要危险源与多发性事故，采用动感、实感、模拟的形象化教育，示范正确的操作方法，纠正错误的操作动作，融知识性、趣味性和专业性于一体，以最直接的视觉、听觉和触觉让受训人员进行亲身体验和心灵感悟，以更好地提高一线作业人员对安全教育培训的认知度和参与性，让一线作业人员的安全意识在短时间内得到最大程度的提高，并掌握安全操作技能、安全防范知识和必要的安全救护知识。体验式的建筑安全教育培训，打破了传统的口号式、填鸭式的安全教育培训模式，通过视觉、听觉、语言、动态动作等表现方法，让施工人员亲自参与体验，亲身受到感悟，提高了建筑安全教育培训的效率和质量，在实践中收到了好的效果。

实践证明，体验式建筑安全教育培训同传统的教育培训方式相比，确实有着许多独具的优势。但是，目前这种方式在体验培训过程中上尚没有统一的培训标准，由于缺乏标准的培训教材，安全体验基地的指导老师无法经过系统培训，再加上实际体验培训过程中受现场讲解人员的知识能力等方面影响，讲解水平参差不齐，有些讲解不当甚至影响了体验式教育培训效果。因此，在目前体验式安全教育培训快速发展的势头下，迫切需要高水平的培训教材以使得体验式安全教育培训更好地发挥其应有的作用。

本教材由北京城市副中心行政办公区工程建设办公室组织编写，以北京城市副中心工程安全体验中心的体验项目以及运行过程中的资料和数据为基础，参考了大量国内典型事故案例及最新建筑安全技术标准规范，完成了《建筑施工从业人员体验式安全教育培训教材》及《建筑施工从业人员体验式安全教育培训考核手册》。

感谢首都经济贸易大学建设安全研究中心为本教材提供了大量事故案例及相关资料和数据，感谢北京天恒建设工程有限公司（北京城市副中心工程安全体验中心投资建设运营方）在体验教育技术和装备方面给予的大力支持，感谢中国建筑一局、中国建筑二局等广大建筑施工企业和项目的大力配合。

本教材编写过程中参阅了大量文献，在此对文献的作者表示感谢！

体验式安全教育培训在我国尚处于起步发展阶段，尽管我们不懈追求，付出了艰辛的努力，但由于编写水平和时间有限，本教材一定存在不足之处，热切地希望建筑业各界人士批评指正并提出宝贵意见。

目　　录

1　体验式建筑安全教育培训概述

1.1　体验式教育培训的内涵

  体验式教育培训是什么？简单地说，体验式教育培训是一个互动的过程。"互动"是当今社会最佳的教育培训方式，其含义是"共同交流，共同参与"互动强调信息的沟通和交流，就是参与体验式教育培训活动的每一个人，各自在不断发送信息的同时，也在不断接受他人信息的影响，从而不断刺激新信息的产生和传递。知识、经验等信息就是在这个过程中体现出其价值并实现理论上的升华。互动还体现了参与者的平等性，就是在体验式教育培训过程中，培训师和学员之间可以相互指导，平等讨论问题，一起研究培训内容。培训师实质上担任的是一个组织者或指引者的角色，组织和指引学员以正确的方式和最真实的态度去面对每一项体验的任务、克服随时可能发生的困难，让学员真正感受到体验过程中的一些最真实的感受。根据这种特点，可以让学员以积极的态度来面对培训而不是觉得很无趣，激发学员学习的积极性，激发学员在遇到突发情况时的应急能力，可以有效使培训目的的实现。通过以上有关体验式教育培训内涵的分析，可以给建筑企业员工体验式教育培训下一个定义：所谓建筑企业员工体验式教育培训，是指在培训师的引导下，通过员工在培训中的互动，来引发个人感悟，从而使其获得或改进与建筑企业工作有关的知识、技能、态度、行为以提高安全意识和安全技能的一种培训方式。

  具体地说，体验式教育培训的详细过程如图1-1所示。接受培训的人员通过体验真实

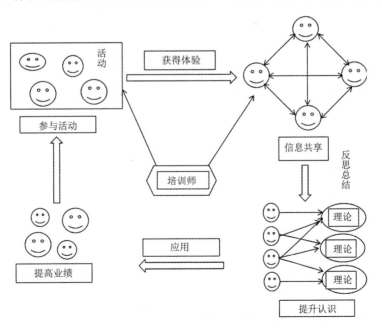

图 1-1　体验式教育培训的过程

情景，来获得真实情景中所感受到的东西，然后通过体验过后的思考，把理论或成果总结出来，最后在实际中去应用这些理论或成果，来掌握技能，学到知识、从而改变态度和行为。在哲学的意义上，体验式教育培训就是先实践到理论再到实践的过程，这个过程也就是产生对事物真正领会的过程，即"实践出真知"。体验式教育培训的主体是学员而非培训师，它特别强调培训人员的体验和感受；体验不是培训的最终目的，它只是实现培训目的的一种比较有效的手段，只有通过体验式培训方法获得真正的实际成果并应用于实践，才是体验式教育培训的目的。

1.2 体验式教育培训的特征

体验式教育培训是专门培训企业员工的一种有效的培训方法，根据其内涵理论分析，可以总结出体验式教育培训具有以下几个特征。

1. 以学员为中心

体验式教育培训的主体是学员，而不是培训师，这就要求体验者发挥主动精神。在体验培训过程中，学员可以自己尽情表现和相互沟通，培训师作为组织者和指引者，不能打消学员的自主性，提倡学员自主学习和自由探索追求，尽可能最大程度提升学员参与学习的积极性，合理有效将学员的学习态度从"要我学"转变为"我要学"。

2. 以具体活动为背景

体验式教育培训就是在一种真实情景或接近真实情景环境中进行的，但是只把学员置身情景当中并不能让学员真正体验到一些东西，还必须有具体目的的具体活动为载体。体验式教育培训活动过程的不确定性经常能使学员产生浓厚的兴趣和预料不到的快乐感，再者通过合理设计的活动，还能够大大加强学员的参与意识，指引学员使用多种感官去感受真实情境中的事物，让学员受到多感官的、强烈的刺激，进而产生真实的体验。

3. 以亲身体验为手段

在体验式教育培训过程中，学员并不是作为一个观察者的身份去观察评价他人在活动中的反应和表现，而是要亲身融入这个具体体验活动中，用自己的形体去感受，用自己的大脑去体会。通过这种用自己的身体去体验，可以真正触及学员的大脑神经，使学员在内心真正感受到活动带来的领悟，从而深刻地体会到其中的道理，从而来提高或改进学员的知识、技能、态度、行为。

4. 强调回顾和反思

尽管体验式教育培训的手段是设计合理的、有目的的、具体的活动，然而这种活动只能算是工具。如果学员只把学习重心放到这种设计的活动中，并不是在这种活动中或参与活动后主动去体会、去反思，那么这就偏离了体验式教育培训的最终目的，因此，体验式教育培训就得不到所期望的效果。实质上，体验式教育培训就是回顾和反思这样一个循环的学习过程，这种回顾和反思不仅仅是学员在真实情景中产生的某种想象，也是在脱离真实情景后的反思和感悟。这种培训方式可以促进学员之间的相互沟通交流，让每个参与体验的学员加深记忆，从而达到相互学习的目的。

5. 培训效果深刻

体验式教育培训的培训效果比传统的培训效果更深刻，更持久。因为在这种培训模式下，学员所获得的成果是通过自己亲身体验，自己反思，相互交流得到的。体验式教育培训的重点是把学员的思维与具体的行动结合起来，并在这一过程中转换学员的角色，让学员自己成为积极的学习主体。只有这样，学员通过体验获得的知识才会更深刻、更持久。

6. 效果具有个体差异性

不同的体验式教育培训参与学员在知识、经验、价值观等方面具有差异性。所以在进行体验式教育培训时，每个学员都会以自己所了解的方式、过去的经历、价值取向等去体会和感受所经历的体验。根据以上分析，每一个学员最终对事物的领悟都各有差异，因此认识提升的程度也就不一样，所以参与体验式教育培训的个体在知识、技能、态度、行为等方面的改变程度也就存在差异。所以，体验式教育培训所产生的效果总是因个体的差异性而有所不同。

7. 以应用为目的

对企业员工进行体验式教育培训的目的并不只是为了让员工提高或掌握知识、技能、态度和行为，它的最终目的是能在日常的学习工作中把在体验式教育培训当中学到的知识与技能应用起来，来提高组织的整体绩效水平。因此这种体验式教育培训的模式与以知识的掌握为目的传统培训模式不同，体验式教育培训的目标是把真正学到的知识与技能应用到今后的实际生活中。

1.3　体验式教育培训的理论基础

1. 科尔布的四阶段模型理论

哈佛教授大卫·库伯从哲学、心理学、生理学角度对体验式学习做了很多研究和阐述，认为学习是一个通过体验的转化来创造知识的过程，并于 1984 年构筑了体验式学习的理论模型：由具体的体验、观察与反思、观念归纳并形成结论、结论应用于新环境四阶段组成的体验式学习圈。他认为体验学习可以描绘成一个四阶段的循环周期，如图 1-2 所示。

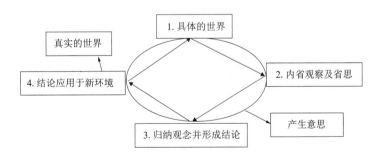

图 1-2　体验学习循环周期

由图 1-2 可知，体验式学习就是一种通过具体体验进行反思和感悟形成自己的结论，再把形成的结论应用于新的体验中的循环学习模式。

2. 情境主义学习理论

体验式教育培训常常是在一种真实的或是虚拟的情境中进行，学习者通过在情境中亲身感受，运用多种感官去接触情境中的事物，受到多重感官的强烈刺激，产生丰富的体验，这不仅有助于受训者理解新知识、掌握新技能，同时还能对学习者的情感、态度、价值观产生深刻的影响。另外，在具体的情境中受培训者有充分的实践机会。受训者通过案例学习、模拟、角色扮演、游戏等方式，对任务、知识和技能进行反复的身体上和精神上的演练。通过这种亲历实践的过程，受训者不是坐而论道而是行而悟道、在做中学，这比传统的讲授式培训体会更深刻，参与空间更开阔。

3. 建构主义学习理论

建构主义观点认为，学习是个体建构自己知识的过程，学习是主动的；学习不是知识的简单积累，而是由于新旧经验的冲突而引发的观念转变和结构重组；社会互动可以促进主体对意义的建构，有利于获得完整性理解。体验式教育培训不是单线的"师—生"培训方式，而是以通过教师指导利用小组活动获得体验。小组即暂时的实践共同体，每个成员共同体中的一个中心，是一个知识、经验的积结点，在小组中成员可以交互对话、彼此沟通。尤其由个人反思阶段进入集体的分享阶段时，学员之间以及学员和教员之间发生着频繁而且高质量的互动，通过聆听、描述、例证、观察、模仿等活动，观点与观点之间不断交汇、碰撞、集中。这样学员不再局限于自己的思维和言论，而是试着从别人的角度去观察，以别人的方式反思体验情境，通过与成员的讨论、评价去修正原来个人的观点，检验自己的惯性思维和偏见，建构自己新的认识和体验。

4. 教育心理学基础理论

首先，现代教育学的观点认为个体的主观能动性是其身心发展的动力。从个体发展的各种可能变为现实这一意义来说，个体的活动是个体发展的决定性因素。人的能动性是客观环境不断变化产生新的要求，新的客观要求为人所接受就能引起人们的需求。需求包括生物方面与精神方面的，这也符合马斯洛的需要层次论。体验式教育培训设计的场景，是将生活中的许多可能遇到和发生的问题在时空上进行适当控制，给学员一个新奇、有趣、觉得有能力完成，但需付出努力的过程，而且这种努力需要正确的团队行动方式才可能完成，这就引起了学员心理上的需求，促成了学员心理的矛盾运动，成为学员心理发展的动力，推动心理发展。

其次，体验式教育培训坚持"双主体论"的指导。教育的"双主体论"承认讲师是教学过程的主体，同时也承认学员是学习活动的主体，即培训过程中要强调讲师的主导作用，而学习活动要突出学员主体。这两个主体在相互关系中，互相作用，主体性是不断变化的。由于承认"双主体"关系，这样在学习和发展中，教与学就始终是"互动"的形式，是在信息互动、双边体验、相互促进中进行。"情境"是在讲师创设中学员进入；"参与"是在讲师"引导"下活动；"合作"实行讲师与学员，学员之间立体交叉信息流动；"表现"是在讲师与学员相互"激发"中发挥；"评价"是在师生共同"讨论"中发展。体验式教育培训很好地贯彻了"双主体论"，坚决反对传统的以讲师为主体的"填鸭式教学"，促成了教与学的互动。

再者，体验式教育培训坚持教育认知心理学的指导。皮亚杰认为，在活动中个体经历着一个不断同化、适应环境并将外部活动内化为内在心理活动的过程，这就是从认知发展的理论去看问题的角度。体验式教育培训各种模拟实践的项目设定不同的问题，让学员不断应对所面临的挑战，多方面分析思考得到不同的认知，并在广泛分享的基础上，换位思考，再次的认知。

1.4 体验式建筑安全教育培训与传统方式的比较

体验式教育培训模式的中心是学员，而传统培训模式的中心是教师，这就是两种培训方式之间最根本的区别。我所听到的东西，我会忘记；我所看到过的东西，我会记得；我去亲自做一件事情，我会清楚地了解到我所学到的东西；我去分享一些成功的东西，我就拥有这些东西。大量科学实验证明：阅读的资料，我们能掌握到10％，听到的资料，我们能掌握到15％，但所体验过的事情，我们却能领会到80％。通过这两种培训模式的比较，传统的培训的内容是"我听"、"我看"，而体验式教育培训的内容是"我去做并分享"，也就是让接受培训的学员真正参与进来，具有切身感受和效果持久两大优势。可以用如表1-1来总结两者的区别。

体验式安全教育培训与传统方式的比较　　　　　　　　　　　　　　　表 1-1

特征　　　　类型	体验式培训	传统培训
培训内容	现实性	理论性
培训方式	双方互动、寓教于乐，形式灵活、个性化	填鸭式教育，形式单调、千篇一律
学习方式	体验、领悟并转化	记忆为主
培训目的	心态、信念	知识、技能
中心维度	以学员为中心	以培训师为中心
培训效果	立竿见影、效果持久	见效慢、易忘

体验式安全培训是一种在模拟或真实环境中亲身感受和形体体验，打破以往传统的灌输式的课堂学习培训模式，通过"听"、"看"、"研"、"练"，再由培训师结合学员的体验感受，将安全技术知识进行讲解，形成对安全的认识，掌握相关的技能，具备相关的能力并使用于实际工作中的培训活动，是一种寓教于乐的安全培训方式。体验式安全培训能够全方位、多角度、立体化地模拟施工现场存在的危险源和可能导致的生产安全事故，可以让体验者亲身体验不安全操作行为和设施缺陷所带来的危害，提高从业人员安全生产意识。体验式的建筑安全教育培训，打破了传统的口号式、填鸭式的安全教育培训模式，通过视觉、听觉、语言、动态动作等表现方法，让施工人员亲自参与体验，亲身受到感悟，提高了建筑安全教育培训的效率和质量，在实践中收到了好的效果。

1.5 体验式建筑安全教育培训的效果

据有关企业测算，通过对200名一线施工人员分别在以往的培训方式和体验式培训中的有关不安全行为的数据进行统计分析，数据如表1-2。

模式＼项目	安全防护用品正确佩戴人数	违章操作人数	安全技能正确掌握人数	安全知识测试评估及格人数
传统的培训模式	50	150	40	30
体验式培训模式	180	20	190	190

体验效果数据表　　　　表 1-2

根据以上表格的数据进行分析，分析结果如下所示：

（1）通过指导教师示范安全帽、安全带等的正确穿戴方法和讲解注意事项，要求每位体验人员进行穿戴并现场纠正错误，可以使他们掌握安全防护用品的正确佩戴方法和质量检查等，正确率达到90％；而以往传统的培训模式正确率只有25％。

（2）通过让体验人员参与移动式操作平台倾倒、安全栏杆倾倒、模拟触电和洞口坠落等体验，可以使他们切身感受到不安全行为和错误操作所带来的严重后果，使违章作业率降低50％。

（3）通过指导教师的讲解、示范和体验人员的实操演练，可以让体验人员掌握灭火器使用和心肺复苏术基本技能的正确率达到72％；而传统的培训模式正确率不到30％。

（4）通过安全体验项目和典型事故案例教育，对涉及人身安全的不安全行为、安全防护要点和基本技能的测试评估结果，体验人员的及格率可达到95％。而传统的培训模式及格率只有15％。

考虑到一线操作工人的文化程度和知识结构，体验测试题目紧紧围绕体验项目设置，尽量避免纯理论的知识点，通过测试评估结果反映出体验者基本能够在实际体验之后掌握一般涉及人身安全的不安全行为、安全防护要点和基本技能。

实践证明，体验式建筑安全教育培训同传统的教育培训方式相比，确实有着许多优势。

1.6　体验式建筑安全教育培训在我国发展现状

《国务院安委会关于进一步加强安全培训工作的决定》（安委〔2012〕10号）中指出，"重点建设一批具有仿真、体感、实操特色的示范培训机构。"目前，在各级住房城乡建设主管部门的指导下，通过许多建筑施工企业和建筑安全行业协会的努力，各类体验式的建筑安全教育培训已在我国逐步兴起，并得到快速发展。

1. 体验式建筑安全教育培训的兴起

据了解，美国和欧洲较早地开始建设建筑安全体验场馆。而在亚洲，则是韩国建立建筑安全体验场馆比较早，像著名的三星、LG等企业投资的项目都有着设立建筑安全体验区的常态要求和建设经验。

韩国是通过立法规定业主方必须足额提供安全生产费用，由业主方直接控制使用安全生产费用，并将搭建安全体验馆作为一项安全费用投入制度在法律中予以明确。按照韩国的法律规定，房屋建筑工程应从总造价中提取2％作为安全生产费用，计入业主方投资建造成本，由业主方提供，并专款专用。韩国的业主在施工现场要搭建安全体验馆，以体验式安全教育为基本形式，对施工人员进行实物模拟的体感式教育，有效地提高了各类施工人员的安全意识和安全操作、安全防范水平。

2012 年，中建一局建设发展有限公司在广州的韩国 LG Display D 工程项目及西安的韩国三星电子半导体工厂厂房项目，均由业主方出资，并按照业主要求，在施工现场搭建了"安全体验馆"，其所有设施设备均在韩国制造，空运至施工现场组建而成，率先在我国的施工现场搭建了"安全体验馆"（如图 1-3）。

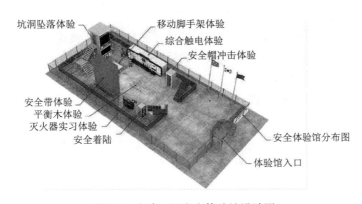

图 1-3　中建一局安全体验馆设计图

该安全体验馆占地面积约 544m²（34m×16m），其中建筑面积为 273m²（21m×13m），内设 20 项体验设施（可根据需要进行有选择性的配备），造价 200～300 万元。他们在对新进场工人进行理论知识教育培训后，分批组织进入安全体验馆做实际体验教育，将施工现场存在的主要危险源与事故种类具体化、实物化，以最直接的视觉、听觉和触觉让受训人员进行体验，使其安全意识和自我保护能力在短时间内得到最大程度的提高，收到了良好的教育培训效果。目前，中建系统已经在许多工地上普遍推开。

北京、陕西、安徽、广东、江苏、黑龙江等省市，也都相继设立了一些建筑安全体验场馆。北京市住房城乡建设委员会颁发了《关于推广体验式安全培训教育的通知》（京建发〔2016〕73 号），明确要求在本市行政区域内全面推广体验式安全培训教育。施工现场安全体验区至少应具备高处坠落、墙体倒塌、综合用电、移动式操作架倾倒、平衡木、临边防护、安全帽冲击、劳动防护用品穿戴、人行马道、消防演示、急救演示等体验项目。专门设立的体验式安全培训基地应进一步增加体验项目，丰富和完善体验设施，配备多媒体培训教室和专业讲师。现全市已有体验式安全培训基地 67 家，其中 11 家为永久性安全教育培训基地，56 家为建筑工程项目的临时性安全教育培训体验场所。

图 1-4　体验基地参加体验人员合影

2. 建筑安全体验场馆的现行设置模式及建议

通过几年来的发展，建筑安全体验场馆的设置主要有三种模式：①建筑施工企业在工地上设置安全体验区；②建筑施工企业集中设置安全体验基地；③政府主管部门组织建立或确定面向行业服务的安全体验中心。

（1）建筑施工企业在工地上设置安全体验区

以安徽省为例：安徽省要求创建省级安全文明标准化工地的项目都要建立安全体验场馆。每个安全体验区一般投资为 10 万～15 万元，占地面积为 100～1000m² 不等。

该省的体验式安全教育培训一般分为三大部分：

1）施工安全知识和事故案例教育；

2）结合实际开展互动学习，让作业人员分析本工程项目存在的危险因素和可能造成的危害后果，使其知晓安全生产的利害关系；

3）通过模拟施工现场各种危险源、危险行为的亲身体验，让作业人员真实感受到各种人的不安全行为和物的不安全状态所可能带来的危害，使之更好地掌握安全操作规程、安全防护用品使用以及紧急情况的安全对策，提升安全意识和安全操作技能，自觉遵守安全操作规程和防范不安全行为。这种实操体验可从视觉上、感观上给体验者产生一定的冲击力，让安全教育培训告别了白纸黑字式的说教，不再是冷冰冰的"纸上谈兵"，让安全理念更加深入人心，使施工现场的冒险作业、违规作业行为明显减少，有效地降低了事故发生率。合肥建工集团还在满足需求的前提下，将安全体验场馆和定型化防护设施、太阳能路灯等，在本集团内部统一调配、周转使用，大大降低了成本，体现了节材、环保等绿色施工的要求。

（2）建筑施工企业集中设置安全体验基地

以北京天恒建筑公司为例：该公司的体验式安全教育培训基地位于北京市大兴区生物医药产业基地，建筑面积 1600m²，投资 1100 万元（其中培训设备设施投入 450 万元，房屋建设等投入 650 万元）。该培训中心分为 4 个区：

1）施工安全体验区，设置了洞口坠落、吊运作业、垂直爬梯倾倒、移动式操作架倾倒、有限空间作业、灭火器使用、不合格水平通道、不合格马道等体验项目。

2）安全技术展示区，结合工程施工过程设置了脚手架搭设、模板加固、钢筋绑扎、机械作业等安全技术要求展示，临时用电系统展示及主要施工部位的节点展示等内容。

3）安全防护用品及安全知识展示区，主要有安全帽、安全带、防护鞋、防毒面具、消火栓等安全防护用品体验以及施工现场安全知识等。

4）安全教育培训区，设置了投影幻灯片及自助学习机，用于观看安全教育视频或播放安全教材。安全教育视频的内容主要是施工安全注意事项、典型安全事故案例、安全应知应会知识和应急、逃生、急救措施等。

（3）政府主管部门组织建立或确定面向行业服务的安全体验中心

以北京市为例：北京市合理布局体验式安全教育培训基地。市住房城乡建设委员会公布了《北京市建设系统体验式安全培训基地明细表》，要求各工程项目总承包单位，按照就近及双方自愿的原则，从公布的23家体验式安全培训基地名单中进行自主选择，由双方协商体验时间，组织相关从业人员参加体验式安全教育培训。安全培训基地的产权单位要组织相关单位或专业人员对体验设备、设施进行检测、验收；合格后方可投入使用。在使用过程中，产权单位要加强对体验设备、设施的日常检查和维护保养，确保体验人员的安全。体验前，产权单位要对体验人员进行身份核对，并进行安全交底，说明体验过程中的安全注意事项，并与参加培训的单位签订安全协议，明确双方的责任。完成体验后，产权单位要认真填写《体验式安全培训教育人员登记表》，并妥善保存。各区住房城乡建设委应至少明确一个体验式安全培训基地或施工现场安全体验区作为本区定点安全体验培训基地，组织辖区内工程项目的施工作业人员和相关管理人员开展体验式安全培训，对不按要求进行培训的，应责令整改。

（4）选择安全体验场馆模式的建议

体验式的建筑安全教育培训，打破了传统的口号式、填鸭式的安全教育培训模式，通过视觉、听觉、语言、动态动作等表现方法，让施工人员亲自参与体验，亲身受到感悟，提高了建筑安全教育培训的效率和质量，在实践中收到了好的效果。但是，设立建筑安全体验场馆需要有一定的场地、设施要求和建设、运行资金的投入，还要具备体验指导老师、设施养护维修和建立体验规章制度等相应条件。因此，对于建筑安全体验场馆的设立，还是要从实际出发，因地制宜、因企制宜和因工地制宜，多种模式并存，不要搞"一刀切"。

1）一般来说，大型工程项目由于施工场地相对比较宽敞，建设资金也要相对多一些，可根据自身工程特点和施工需求有针对性地设立安全体验区，但对中小型工程项目就不宜强求都设立安全体验区。这是因为，按照现行规定的安全文明措施费中还未能考虑到这笔专项费用，如果要求所有的工程项目都设立安全体验区，则取费标准明显不足，在实践中也难以做得到。

2）对于大型建筑施工企业，也可以根据自身需要建立专门的建筑安全体验基地，为所属各企业和工程项目服务，并可鼓励他们按照市场需求，面向社会为中小企业提供服务。这种服务应按照自愿选择、平等协商的原则，并签订服务协议书，明确双方的责权利等事项。有条件的城市，可以从当地的实际出发，由政府主管部门或委托行业协会建立安全体验中心，为没有能力或条件设立安全体验场所的企业提供服务；也可以经协商确认，将搞得好的企业安全体验基地或安全体验区向社会公布名单，供其他企业自主选择并签订服务协议书后，提供安全体验服务。总之，应当通过多种模式共存，合理布局，提高建筑安全体验场馆的使用率、利用率，以逐步实现对所有施工人员的全覆盖，特别是建筑劳务企业，不能成为建筑安全教育培训的空白领域。

3）目前部分安全体验项目的使用存在着一定风险性，建议可适时组织编制建筑安全体验场馆建设与运行的指导性标准，包括安全体验设施的制作、安拆、维护和使用等，以保证安全体验场馆的建设质量和体验设施的安全使用。同时，各安全体验场馆都应当建立健全保障安全使用的规章制度，并严格加以管理。对于企业面向社会开放的建筑安全体验场馆，建议政府主管部门可制定和公布指导性的服务价格，或是明确规定由双方协商确定。

2 建筑工人入场安全教育培训

根据大量建筑伤亡事故原因及规律的统计分析，工人在入场后的一周内最容易发生伤害事故。对于刚刚进入建筑业的农民工，普遍文化程度较低，几乎没有接受过系统的职业教育或专业技能培训，安全意识较淡薄，且缺乏必要的安全防护与救护知识，这是导致施工现场人的不安全行为的主要源头。入场安全教育培训队农民工而言是第一堂课，其未来施工作业中的安全意识和对安全技能的掌握很大程度上度取决于入场安全教育培训的效果，因此，入场安全教育对保障建筑工人生命安全至关重要。

2.1 建筑施工作业危险性

2.1.1 固有特点带来的危害

建筑业在世界各国都属于高危行业。世界劳工组织（International Labor Organization，ILO）指出，"建筑业是世界主要行业之一，尽管该行业已经开始实现机械化，但仍然属于高度劳动密集型行业。在所有行业中，该行业是工人工作时面对风险最多的行业之一"。建筑业之所以成为一个危险的行业，与建筑业本身的如下一些特点有关。

1. 建设工程本身的复杂性

建设工程是一项庞大的人机工程。在项目建设过程中，施工人员与各种施工机具和施工材料为了完成一定的任务，既各自发挥自己的作用，又必须相互联系、相互配合。这一系统的安全性和可靠性不仅取决于施工人员的行为，还取决于各种施工机具、材料以及建筑产品（统称为物）的状态。

一般说来，施工人员的不安全行为和物的不安全状态是导致伤害事故的直接原因。而建设工程中的人、物以及施工环境中存在的导致事故的风险因素非常多，如果不能及时发现并且排除，将很容易导致伤亡事故。另一方面，工程建设往往有多方参与，管理层次比较多，管理关系复杂。仅仅现场施工就涉及建设单位、总承包商、分包商、供应商和监理工程师等各方。安全管理要做到协调管理、统一指挥需要先进的管理方法和能力，而目前很多项目的管理仍未能做到这点。因此，人的不安全行为、物的不安全状态以及环境的不安全因素往往相互作用，是构成伤亡事故的直接原因。

2. 工程施工工具有单件性

单件性（uniqueness）是指没有两个完全相同的建设项目。不同的建设项目所面临的事故风险的多少和种类都是不同的，同一个建设项目在不同的建设阶段所面临的风险也不同。建筑业从业人员在完成每一件建筑产品（房屋、桥梁、隧道等设施）的过程中，每一天所面对的都是一个几乎全新的物理工作环境。在完成一个建筑产品之后，又不得不转移到新的地区参与下一个建设项目的施工。因此，不同工程项目在不同施工阶段的事故风险类型和预防重点也各不相同。项目施工过程中层出不穷的各种风险是导致事故频发的重要原因。

3. 工程施工具有离散性

离散性（decentralization）是指建筑产品的主要制造者——现场施工工人，在从事生产的工程中，分散于施工现场的各个部位，尽管有各种规章和计划，但他们面对具体的生产问题时，仍旧不得不依靠自己的判断做出决定。因此，尽管部分施工人员已经积累了许多工作经验，还是必须不断适应一直在变化的"人—机—环境"系统，并且对自己的作业行为做出决定，从而增加了建筑业生产过程中由于工作人员采取不安全行为或者工作环境的不安全因素导致事故的风险。

4. 建设项目施工环境具有多变性

施工大多在露天的环境中进行，工人的工作条件差，且工作环境复杂多变，所进行的活动受施工现场的地理条件和气象条件的影响很大。例如，在现场气温极高或者极低、现场照明不足（如夜间施工）、下雨或者大风等条件下施工时，容易导致工人生理或者心理的疲劳，注意力不集中，造成事故。由于工作环境较差，包含着大量的危险源，又因为一般的流水施工使得班组需要经常更换工作环境，因此，常常是相应的安全防护设施落后于施工过程。

5. 建筑业安全生产和事故预防的观念落后

建筑业作为一门传统的产业部门，许多相关从业人员对于安全生产和事故预防的错误观念由来已久。由于大量的事件或者错误操作并未导致伤害或者财产损失事故，而且同一诱因导致的事故后果差异很大，不少人认为事故完全是由于一些偶然因素引起的，因而是不可避免的。由于没有从科学的角度深入地认识事故发生的根本原因并采取积极的预防措施，因而造成了建设项目安全管理不力、发生事故的可能性增加。此外，传统的建设项目三大管理，即工期、质量和成本，是项目生产人员主要关注的对象，在施工过程中，往往为达到这些目标而牺牲安全。再加上目前建筑市场竞争激烈，一些承包商为了节约成本，经常削减用于安全生产的支出，更加剧了安全状况的恶化。

6. 建筑业从业人员缺乏有效的安全培训教育

目前世界各国的建筑业，尤其是在发展中国家和地区，大量的没有经过全面职业培训和严格安全教育的劳动力涌向建筑业成为施工人员。一旦管理措施不当，这些工人往往成为建筑伤亡事故的肇事者和受害者，不仅为自己和他人的家庭带来巨大的痛苦和损失，还给建设项目本身和全社会造成许多不利的影响。就我国的建筑业而言，大多数的工人来自农村，受到的教育培训较少，安全意识较差，安全观念淡薄，从而使得安全事故发生的可能性增加。

2.1.2 建筑施工伤亡事故类型

建筑业属于事故多发的高危行业，其中高处坠落、物体打击、坍塌、机械伤害、触电事故等五种，为建筑业最常发生的事故，占事故总数的85％以上（如图2-1），称为"五大伤害"。

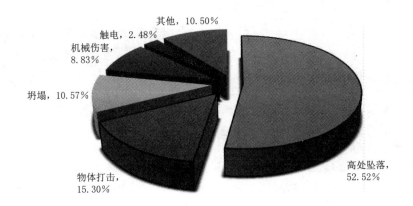

图 2-1　建筑业伤亡事故类型情况

高处坠落，指在高处作业中发生坠落造成的伤亡事故，不包括触电坠落事故。如：操作人员由屋顶坠落、人员从脚手架上坠落、人员由洞口坠落、人员由梯子上坠落等。

物体打击，指物体在重力或其他外力的作用下产生运动，打击人体造成人身伤亡事故，不包括因机械设备、车辆、起重机械、坍塌等引发的物体打击。

坍塌，指物体在外力或重力作用下，超过自身的强度极限或因结构稳定性破坏而造成的事故，如挖沟时的土石塌方、脚手架坍塌、堆置物倒塌等。

机械伤害，指机械设备运动（静止）部件、工具、加工件直接与人体接触引起的夹击、碰撞、剪切、卷人、绞、碾、割、刺等伤害，不包括车辆、起重机械引起的机械伤害。

触电，主要发生在电器设备维修、停送电操作、电工、焊接作业等。

其他建筑施工易发生的事故还有火灾、中毒和窒息、火药爆炸、车辆伤害、起重伤害、淹溺、灼烫、锅炉爆炸、容器爆炸、其他爆炸、其他伤害等。

2.2　建筑施工入场安全须知

2.2.1　个人有效资料

工人在入场前需提供以下资料：

（1）建筑施工现场作业人员实名制登记表；

（2）进场人员身份证复印件 2 份（一份用于存档，一份用于粘贴在"新工人三级安全教育记录卡"）；

（3）各类安全教育培训记录；

（4）新工人三级安全教育记录卡；

（5）特种作业人员操作证。

见图 2-2～图 2-5。

图 2-2　入场及专项培训

图 2-3　体验式培训

图 2-4　安全用品展示区

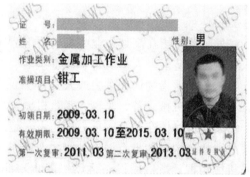

图 2-5　特殊工种操作证

2.2.2　安全权利与义务

1. 工人在安全生产方面的权利

（1）工人享有工伤保险和伤亡求偿权

企业和工人签署劳动合同，在合同中明确说明有关保障大家劳动安全，防止职业危害的事项，同时在合同中也应该含有为工人办理工伤社会保险的事项，如果因为生产安全事故受到损害的工人，除了依法享有工伤社会保险外，依照有关民事法律还有获得赔偿的权利，有权向本单位提出赔偿要求。

（2）危害因素和应急措施的知情权

建筑行业有毒有害物质很多，比如粉尘、噪声，还有一些工种、工序都有发生伤亡的可能，但是这些危害不是不能克服的，企业方会如实将这些危险因素和应急措施告诉大家，使大家在对这些危害在工作中提前想到，避免事故发生，那么大家对工作岗位中存在的危险因素也要主动向单位的领导和安全员、班组长、设备管理等相关人员进行了解。

（3）安全管理的批评检控权

所谓的批评检控权，就是说大家对安全管理中的问题有权利批评，有权利检举，有权利控告。在生产过程中，因为施工周期转化快，工人作为生产一线人员对随时可能出现的危险因素最了解，因此，工人的批评和监督更具有针对性。工作中一旦有班组长向工人分配任务的时候，对不安全状态和部位，没有实施安全措施的，可以向班组长提出来。如果他坚持让你在这种状态下工作，你可以向项目安全员反映，直到解决实际问题，恢复安全状态下再继续工作。所以对安全生产中存在的问题，工人都有权向直接领导、安全管理部门、上级领导人提出意见和建议，也可以向有关安全监督管理机关和主管部门提出检举和控告。

（4）拒绝违章指挥，拒绝强令冒险作业权

在生产经营活动中，因企业负责人或管理人员违章指挥和强令冒险作业而造成事故的现象是比较常见的。比如指挥没有上岗证的工人上岗工作或者指挥工人在安全防护设施、设备上有缺陷的条件下仍然冒险作业的，遇到以上情况，大家有权利拒绝。这样不仅能够保护自身的安全也可以约束企业负责人或管理人员不违章指挥，确保安全生产。企业不得因大家的上述行为而有意降低大家的工资和福利等或者解除订立的劳动合同。当然，工人在行使权利时，不能为了逃避工作而对于正常的工作安排故意找借口不服从指挥，这也是工人必须注意的。

（5）紧急情况下的停止作业和紧急撤离权

工人在工作过程中有可能会突然遇到直接危及人身安全的紧急情况，这时候，如果不停止作业或者撤离作业场所，就会造成重大的人身伤亡，因此工人发现这种情况时，有权利停止作业，或者采取应急措施后，撤离作业场所。

2. 工人安全生产方面的义务

（1）遵章守规，服从管理的义务

管理人员在日常生活中要对工人进行监督检查，大家必须接受并服从，这是基本要求，如果违反规定，轻则受到批评教育，重则会受到处分造成重大事故构成犯罪的，还会受到刑事处罚。

（2）佩戴和使用安全防护用品的义务

劳动防护用品是保护工人在工作中的安全与健康的一种装备，只有正确佩戴和使用才能真正起到防护作用，如果不会使用，就应该及时找安全员，请他们给予指导和帮助，关于如何正确使用这些防护用品，本书将在后面详细讲解。

（3）接受培训、掌握安全生产技能的义务

工人的安全意识和安全技能的高低，直接关系到生产活动是否安全可靠，所以工人应当积极参加各类安全教育培训。

（4）发现事故隐患及时报告的义务

在施工现场的生产活动中，因为产生动态变化，施工周期转化快，所以现场会产生安全隐患。隐患可能出现在护栏，也可能是在墙体。有的时候，工作中防护措施会影响工作，需要暂时挪开，工作完成之后，就应该及时恢复到安全状态。如果没有恢复，那么下一个工人看到后，就必须要报告，否则受到伤害的有可能就是自己的亲人、同乡。因此，在发现事故隐患或其他不安全因素的时候，必须及时向班组长、安全员或安全管理部门汇报，从而防止和减少事故。工人在汇报情况时，应当遵循实事求是的原则，既不能夸大事实，也不能大事化小，以免影响对事故隐患或者其他不安全因素的正确处置。

2.2.3 对待安全的原则

（1）项目在开工前必须识别出可能出现的危险源（危险源辨识程序见图2-6），并向工人进行交底；

（2）在施工过程中如果出现危险，应立即停止该项工作，直至危险排除后方可继续工作；

（3）工人在日常施工前应进行安全检查，若发现隐患，应立即整改；

（4）工人必须严格遵循项目指南和程序；

（5）只有在经过培训、得到保护、明确计划后才可以开始工作；

（6）工人必须对发生的所有事件或未遂事件立即报告，并积极配合调查原因。

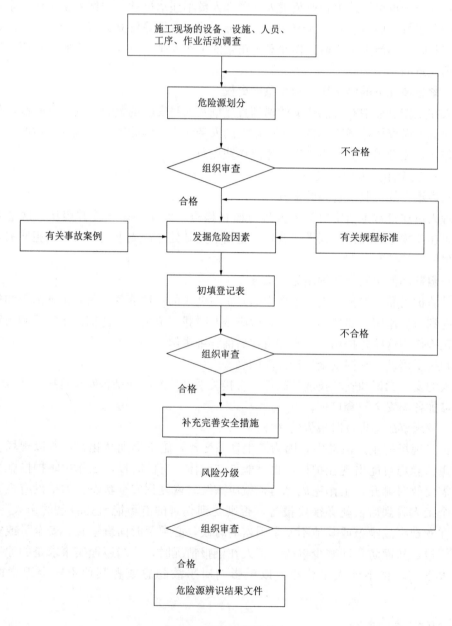

图 2-6　危险源辨识程序

2.2.4 安全奖惩

项目一般通过对个人、班组、分包商的行为进行奖励和处罚，提高员工的安全意识，促进员工安全行为，推动安全管理的规范化、制度化，努力维护和促进项目良好的安全管理环境和秩序，从而形成项目良好的安全文化。

1. 安全奖励

为员工与各班组值得表扬的安全行为、积极参与安全环境的建设，设置的奖项。项目将通过活动、宣传、培训等方式传达安全管理目标，奖励每一个对目标有促进或者对项目成绩有贡献的员工、班组。

（1）个人安全行为优秀表现奖

项目部会制作一些兑奖券，安全室管理人员在现场日常检查的过程中发现员工的优秀行为时，将把兑奖券给员工，员工收集一定数量的兑奖券后，可以兑换成相应的奖品。

优秀的行为包括：及时发现并整改了事故隐患（及时避免了可能发生的火灾、爆炸、高处坠落、物体打击、设备设施倒塌、触电、重大设备损坏等）的行为；及时排除治安隐患或及时处置现场内突发性治安事件避免财产重大损失、员工身体免于伤害的行为；及时发现危险物质泄漏，避免了环境污染的行为；指出、纠正他人不安全行为；提交危险报告；提前报告了可能的事件等。例："对大量可燃气体泄漏进行了正确处置"。

奖励发出者须记录发兑奖券的原因和接受奖牌员工的姓名、所属班组等情况，并由受奖员工签收后将记录交项目部安全室汇总。

（2）优秀建议奖

项目鼓励员工积极献言献策，欢迎及时提出改善工作环境、防止事故发生、人员伤害、财产损失、环境污染、劳工事件的建议，如建议被采纳后在实际安全管理工作中取得明显效果，项目安全部门将根据效果情况研究决定奖励额度。

（3）月度优秀班组

项目部安全室每月会对表现良好的班组进行奖励。

2. 安全惩罚

安全惩罚的目的并不是有意地处罚个人。在做出任何处罚决定前，安全部门将对所有的违章行为进行仔细的评估。仅对顽固不改的违章行为或可能导致较大损失的严重违章行为进行处罚。罚款金额将在每个个案的基础上进行评估，罚金将随着分包商违章行为的频繁出现或违章行为变得更普遍或对项目进度或安全有较大威胁而逐渐增加。

不同违章行为的惩罚措施：

对于轻微违章：

第一次：给予口头或书面警告。

第二次：给予书面警告或罚款。

第三次：罚款并开除出现场。

对于严重违章：

第一次：给予书面警告或罚款。

第二次：罚款并开除出现场。

2.2.5 紧急疏散程序要求

为使项目员工在人员密集场所发生遇有突发事件（火灾、爆炸、环境污染、自然灾害、雷电和沙尘暴）时，尽量减少恐慌、人员二次受伤事件，保障人身安全、减少财产损失，及时疏导事故区域的人员到达安全地点，应按照如下紧急疏散程序执行。

1. 应急疏散程序

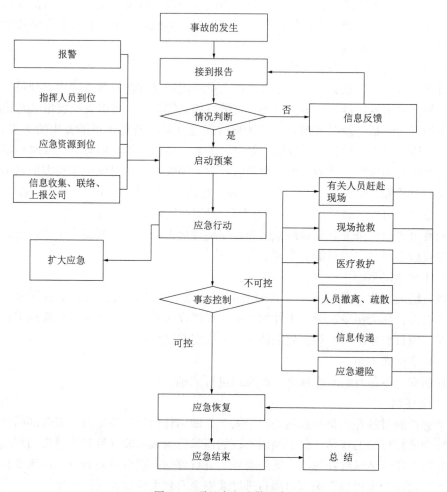

图 2-7 项目应急疏散程序

2. 疏散方式

（1）口头引导疏散

疏导小组到指定地点后，要用镇定的语气呼喊，劝说人们消除恐惧心理、稳定情绪，使大家能够积极配合，按指定路线有条不紊地进行疏散。

（2）广播引导疏散（中控室）

在接到安全事故报警后，中控值班人员要立即开启应急事故广播系统，将指挥小组的命令、事故情况、疏散情况进行广播。广播内容应包括：发生事故的部位及情况，需疏散人员的区域，指明比较安全的区域、方向和标志（如图 2-8），指示疏散的路线和方向，对已被困人员要告知他们救生器材的使用方法，以及自制救生器材的方法。

（3）强行疏导、疏散

如果事故现场，直接威胁人员安全，疏导小组采取必要的手段强制疏导，防止出现伤亡事故。在疏散通道的拐弯岔道等容易走错方向的地方，应设疏导人员，提示疏散方向，防止误入死胡同或进入危险区域，应急避难场所应设置标牌（如图 2-8）。

3. 疏散应注意事项

（1）保持安全疏导秩序，防止出现拥挤、踩踏、摔倒的事故发生。

（2）应遵循的疏导顺序。

（3）先安排事故威胁严重及危险区域内的人员疏散。

（4）疏散中应按先老、弱，后员工，最后为救助人员的顺序疏散。

（5）发扬团结友爱，尽力救助更多的人员撤离事故现场。

图 2-8　应急避难场所标志

（6）对疏散出的人员，要加强脱险后的管理，防止脱险人员对财产和未撤离危险区的人员生命担心而重新返回事故现场。必要时，在进入危险区域的关键部位配备警戒人员。

（7）政府相关部门的救援队伍到达事故现场后，疏导人员应积极配合，若知晓内部有人员未疏散出来，要迅速报告。介绍被困人员的方位、数量以及救人的路线。

（8）火灾疏散中注意控制事故现场，控制火势和火场排烟，为安全疏散创造有利条件。

（9）逃生中注意自我保护，学会逃生基本方法，疏导人员应指导逃生疏散人员，正确运用逃生方法，尽快撤离事故现场（如图 2-9）。

（10）注意观察安全疏散标志，按其指引方向，尽快引导人员撤离事故现场（如图 2-10）。

图 2-9　现场应急疏散

图 2-10　应急避难点集合

2.2.6　事件或伤害报告

　　海因里希法则又称"海因里希安全法则"或"海因里希事故法则"，是美国著名安全工程师海因里希提出的 1：29：300 法则（如图 2-11）。当一个企业有 300 个隐患或违章，必然要发生 29 起轻伤或故障，在这 29 起轻伤事故或故障当中，必然包含有一起重伤、死亡或重大事故。"海因里希法则"是美国人海因里希通过分析 55 万起工伤事故的发生概率，为保险公司的经营提出的法则。这一法则完全可以用于施工企业的安全管理上，即在一件重大的事故背后必有 29 件"轻度"的事故，还有 300 件潜在的事故隐患。可怕的是我们对潜在性事故毫无觉察，或是麻木不仁，结果导致无法挽回的损失。施工现场包括未遂事件、伤害、溢溅在内的所有事件，无论程度多么轻微，都必须立即向现场负责人报告。如需用药，则应通知现场的医务人员或安全经理。事故报告的目的是为了分析事故发生的直接原因和根本原因，采取有效措施以防止类似事故再次发生，将任何不安全因素消灭于萌芽状态。

图 2-11　海因里希事故金字塔

2.2.7 急救处理

现场急救就是指施工现场一旦发生事故时，伤员送往医院救治前在现场实施必要和及时的抢救措施，总的原则是，无论工地发生了什么样的伤亡事故都应该立即做好三件事：第一有组织地抢救受伤人员，以救人为主；第二保护事故现场不被破坏；第三及时向上级和有关部门报告，打急救电话120。下边分别介绍一下常见事故的急救方法：

1. 应急救援基本常识

（1）施工企业应建立企业级重大事故应急救援体系，以及重大事故救援预案。

（2）施工项目应建立项目重大事故应急救援体系，以及重大事故救援预案。

（3）在实行施工总承包时，应以总承包单位事故预案为主，各分包队伍也应有各自的事故救援预案。

（4）重大事故的应急救援人员应经过专门的培训，事故的应急救援必须有组织、有计划地进行；严禁在未清楚事故情况下，盲目救援，造成更大的伤害。

（5）事故应急救援的基本任务：

1）立即组织营救受害人员，组织撤离或者采取其他措施保护危害区域内的其他人员（如图2-12）。

2）迅速控制事态，并对事故造成的危害进行检测、监测，测定事故的危害区域、危害性质及危害程度。

3）消除危害后果，做好现场恢复。

4）查清事故原因，评估危害程度。

图2-12　组织营救受害人员

2. 触电急救知识

触电者的生命能否获救，在绝大多数情况下取决于能否迅速脱离电源和正确地实行人工呼吸和心脏按压，拖延时间、动作迟缓或救护不当，都可能造成人员伤亡。

（1）脱离电源的方法

1）发生触电事故时，出事附近有电源开关和电流插销时，可立即将电源开关打开或拨出插销；但普通开关（如拉线开关、单极按钮开关等）只能断一根线，有时不一定切断的是相线，所以不能认为是切断了电源。

2）当有电的电线触及人体引起触电时，不能采用其他方法脱离电源时，可用绝缘的物体（如干燥的木棒、竹竿、绝缘手套等）将电线移开，使人体脱离电源（如图 2-13）。

图 2-13　触电事故脱离电源方法

3）必要时可用绝缘工具（如带绝缘柄的电工钳、木柄斧头等）切断电线，以切断电源。

4）应防止人体脱离电源后，造成的二次伤害，如高处坠落、摔伤等。

5）对于高压触电，应立即通知有关部门停电。

6）高压断电时，应带上绝缘手套，穿上绝缘鞋，用相应电压等级的绝缘工具拉开开关。

（2）紧急救护基本常识

根据触电者的情况，进行简单的诊断，并分别处理：

1）病人神志清醒，但感乏力、头昏、心悸、出冷汗，甚至有恶心或呕吐。此类病人应使其就地安静休息，减轻心脏负担，加快恢复；情况严重时，应立即小心送往医院检查治疗。

2）病人呼吸、心跳尚存在，但神志昏迷。此时，应将病人仰卧，周围空气要流通，并注意保暖；除了要严密观察外，还要做好人工呼吸和心脏挤压的准备工作。

3）如经检查发现，病人处于“假死”状态，则应立即针对不同类型的“假死”进行对症处理：如果呼吸停止，应用口对口的人工呼吸法来维持气体交换；如心脏停止跳动，应用体外人工心脏挤压法来维持血液循环。

4）口对口人工呼吸法：病人仰卧、松开衣物——清理病人口腔阻塞物——病人鼻孔朝天、头后仰——贴嘴吹气——放开嘴鼻好换气，如此反复进行，每分钟吹气 12 次，即每 5s 吹气一次（如图 2-14）。

图 2-14　口对口人工呼吸法

5）体外心脏挤压法：病人仰卧硬板上——→抢救者中（手掌）对病人胸口凹膛——→掌根用力向下压——→慢慢向下——→突然放开，连续操作每分钟进行 60 次，即每秒一次（如图 2-15）。

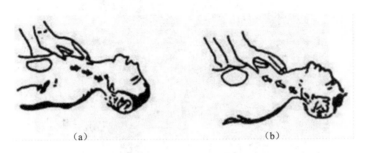

图 2-15　体外心脏挤压法
(a) 挤压；(b) 放松

6）有时病人心跳、呼吸停止，而急救只有一人时，必须同时进行口对口人工呼吸和体外心脏挤压。此时，可先吹两次气，立即进行挤压 15 次，然后再吹两次气，再挤压，反复交替进行。

3．创伤救护知识

创伤分为开放性创伤和闭合性创伤。开放性创伤是指皮肤或黏膜的破损，常见的有：擦伤、切割伤、撕裂伤、刺伤、撕脱、烧伤；闭合性创伤是指人体内部组织的损伤，而没有皮肤黏膜的破损，常见的有：挫伤、挤压伤。

（1）开放性创伤的处理

1）对伤口进行清洗消毒，可用生理盐水和酒精棉球，将伤口和周围皮肤上沾染的泥沙、污物等清理干净，并用干净的纱布吸收水分及渗血，再用酒精等药物进行初步消毒。在没有消毒条件的情况下，可用清洁水冲洗伤口，最好用流动的自来水冲洗，然后用干净的布或敷料吸干伤口。

2）止血：对于出血不止的伤口，能否做到及时有效的止血，对伤员的生命安危影响较大。在现场处理时，应根据出血类型和部位不同采用不同的止血方法：直接压迫——将手掌通过敷料直接加压在身体表面的开放性伤口的整个区域；抬高肢体——对于手、臂、腿部严重出血的开放性伤口，都应抬高，使受伤肢体高于心脏水平线；压迫供血动脉——手臂和腿部伤口的严重出血，如果应用直接压迫和抬高肢体仍不能止血，就需要采用压迫点止血技术；包扎——使用绷带、毛巾、布块等材料压迫止血，保护伤口，减轻疼痛（如图 2-16）。

3）烧伤的急救应先去除烧伤源，将伤员尽快转移到空气流通的地方，用较干净的衣服把伤面包裹起来，防止再次污染；在现场，除了化学烧伤可用大量流动清水冲洗外，对创面一般不做处理，尽量不弄破水泡，保护表皮。

（2）闭合性创伤的处理

1）较轻的闭合性创伤，如局部挫伤、皮下出血，可在受伤部位进行冷敷，以防止组织继续肿胀，减少皮下出血。

图 2-16　伤口包扎

2）如发现人员从高处坠落或摔伤等意外时，要仔细检查其头部、颈部、胸部、腹部、四肢、背部和脊椎，看看是否有肿胀、青紫、局部压疼、骨摩擦声等其他内部损伤。假如出现上述情况，不能对患者随意搬动，需按照正确的搬运方法进行搬运，否则，可能造成患者神经、血管损伤并加重病情。

现场常用的搬运方法有：担架搬运法——用担架搬运时，要使伤员头部向后，以便后面抬担架的人可随时观察其变化；单人徒手搬运法——轻伤者可扶着走，重伤者可让其伏在急救者背上，双手绕颈交叉垂下，急救者用双手自伤员大腿下抱住伤员大腿。

3）如怀疑有内伤，应尽早使伤员得到医疗处理。运送伤员时要采取卧位，小心搬运，注意保持呼吸道畅通，注意防止休克。

4）运送过程中，如突然出现呼吸、心跳骤停时，应立即进行人工呼吸和体外心脏挤压法等急救措施。

4. 火灾急救知识

一般地说，起火要有三个条件，即可燃物（木材、汽油等）、助燃物（氧气等）和点火源（明火、烟火、电焊花等）（如图 2-17）。扑灭初期火灾的一切措施，都是为了破坏已经产生的燃烧条件。

图 2-17　火灾三要素

24

（1）火灾急救的基本要点

1）施工现场应有经过训练的义务消防队；发生火灾时，应由义务消防队急救，其他人员应迅速撤离。

2）及时报警，组织扑救；全体员工在任何时间、地点，一旦发现起火都要立即报警，并参与和组织群众扑灭火灾（如图2-18）。

图 2-18 施工现场灭火

3）集中力量，主要利用灭火器材，控制火势，集中灭火力量在火势蔓延的主要方向进行扑救以控制火势蔓延。

4）消灭飞火，组织人力监视火场周围的建筑物，露天物质堆放场所的未尽飞火，并及时扑灭。

5）疏散物质，安排人力和设备，将受到火势威胁的物质转移到安全地带，阻止火势蔓延。

6）积极抢救被困人员；人员集中的场所发生火灾，要有熟悉情况的人做向导，积极寻找和抢救被困的人员。

（2）火灾急救的基本方法

1）先控制，后消灭。对于不可能立即扑灭的火灾，要先控制火势，具备灭火条件时再展开全面进攻，一举消灭。

2）救人重于救火。灭火的目的是为了打开救人通道，使被困的人员得到救援。

3）先重点，后一般。重要物资和一般物资相比，保护和抢救重要物资；火势蔓延猛烈方面和其他方面相比，控制火势蔓延的方面是重点。

4）正确使用灭火器材；水是最常用的灭火剂，取用方便，资源丰富，但要注意水不能用于扑救带电设备的火灾。

5）人员撤离火场途中被浓烟围困时，应采取低姿势行走或匍匐穿过浓烟，有条件时可用湿毛巾等捂住嘴鼻，以便顺利撤出烟雾区；如无法进行逃生，可向外伸出衣物或抛出小物件，发出救人信号引起注意。

6）进行物资疏散时应将参加疏散的员工编成组，指定负责人首先疏散通道，其次疏散物资，疏散的物资应堆放在上风向的安全地带，不得堵塞通道，并要派人看护。

5. 中毒及中暑急救知识

施工现场发生的中毒主要有食物中毒、燃气中毒及毒气中毒。中暑是指人员因处于高温高热的环境而引起的疾病。

（1）食物中毒的救护

1）发现饭后多有人呕吐、腹泻等不正常症状时，尽量让病人大量饮水；刺激喉部使其呕吐。

2）立即将病人送往就近医院或打急救电话120。

3）及时报告工地负责人和当地卫生防疫部门，并保留剩余食品以备检验。

（2）燃气中毒的救护

1）发现有人煤气中毒时，要迅速打开门窗，使空气流通。

2）将中毒者转移到室外实行现场急救。

3）立即拨打急救电话120或将中毒者送往就近医院。

4）及时报告有关负责人。

（3）毒气中毒的救护

1）在井（地）下施工中有人发生毒气中毒时，井（地）上人员绝对不要盲目下去救助。必须先向出事点送风，救助人员装备齐全安全保护用具，才能下去救人。

2）立即报告现场负责人及有关部门，现场不具备抢救条件时，应及时拨打110或120电话求救。

（4）中暑的救护

1）迅速转移。将中暑者迅速转移至阴凉通风的地方，解开衣服、脱掉鞋子，让其平卧，头部不要垫高。

2）降温。用凉水或50％酒精擦其全身，直到皮肤发红，血管扩张以促进散热。

3）补充水分和无机盐类。能饮水的患者应鼓励其喝足凉盐开水或其他饮料，不能饮水者，应予静脉补液。

4）及时处理呼吸、循环衰竭。呼吸衰竭时，可注射尼可刹明或山梗茶碱；循环衰竭时，可注射鲁明那钠等镇静药。

5）医疗条件不完善时，应对患者严密观察，精心护理，送往就近医院进行抢救。

6. 传染病急救措施

由于施工现场的人员较多，如果控制不当，容易造成集体感染传染病。因此需要采取正确的措施加以处理，防止大面积人员感染传染病。

（1）如发现员工有集体发烧、咳嗽等不良症状，应立即报告现场负责人和有关主管部门，对患者进行隔离加以控制，同时启动应急救援方案。

（2）立即把患者送往医院进行诊治，陪同人员必须做好防护隔离措施。

（3）对可能出现病因的场所进行隔离、消毒，严格控制疾病的再次传播。

（4）加强现场员工的教育和管理，落实各级责任制，严格履行员工进出现场登记手续，做好病情的监测工作。

2.2.8 现场交通安全

为提高现场施工人员的交通安全意识，杜绝重大、特大交通事故的发生，减少一般交通事故，提高各类机动车辆的完好率、使用率，更好的保障施工生产，须加强施工现场交通安全管理。

（1）项目工程施工现场、交通道路、厂门、弯道以及单行道交叉等禁止各种车辆停放，并结合现场的具体情况设置禁止车辆停放标记。

（2）对破路施工和跨越道路拉设绳、电缆，应报公司和监理、总包单位批准，并设有明显的标记，夜间还应设红灯。对施工场地狭小、车辆和行人来往频繁的道路应设置临时交通指挥（如图 2-19）。

图 2-19　临时交通指挥

（3）严禁在道路上堆放材料、设备，禁止在路面上进行阻碍交通的作业，如确因施工需要临时占用路面或破土施工时，必须报公司和监理、总包单位批准后方可占用。

（4）道路两旁堆放的设备材料要距离道路 2m 以上，跨越道路拉设钢丝绳或架设电缆时高度不得低于 7m。

（5）施工用的机动车辆和特种车辆（吊车、叉车、翻斗车等）的车况必须良好。进厂应严格检查，并按公安、交通、管理部门的规定定期年审，除发给的年审证外，还应持有经公司安全部门考核的司机上岗证，司机必须持"三证"上岗。

（6）运输易燃、易爆危险物品（氧气、乙炔气）的机动车辆，还需持省市安全部门签发的危险物品专用运输证。

（7）项目工地内各种机动车辆限速行驶：

1）机动车辆进出装置大门及转弯处为 5km/h，直线行驶速度不得大于 20km/h（如图 2-20）。

图 2-20　施工现场车辆限速标牌

2）运输危险物品的机动车和进出装置的机动车，其排气管应装阻火器，装危险物品的车辆还必须挂"危险品"标志牌。行车过程中，保持安全车速和保持一定的车距，严禁超车、超速、强行会车。

（8）机动车辆载货规定：

1）不准超过驾驶证上核定的载货量。

2）散装及粉状或滴漏的物品，不能散荡、到处飞物、滴漏在车外，必须用帆布等封盖严密。

3）货车不准人、货混装，除驾驶室内可以按额定人员定座外，其他部位（驾驶室顶部、脚踏板、叶子板等处）不准载人。

（9）施工作业现场及机械设备附近不准停放自行车、三轮车、自行车必须按指定的地点停放。

（10）吊车在吊装作业时，360°旋转区域和吊车扒杆底下禁止站人。

（11）吊装作业时应有专人统一指挥。

2.2.9　文明施工与环保要求

1. 文明施工管理

（1）为了加强现场文明施工的管理，项目部必须成立以项目经理为首的管理体系，对现场文明施工情况进行监控。施工现场必须按照建设部颁发的《建设工程施工现场管理规定》执行，以文明施工的要求，推行现代管理方法，科学组织施工，作好施工现场的各项管理工作。

（2）施工现场必须执行"谁主管、谁负责"的原则，项目经理对施工现场管理工作全面负责，一切与建设施工活动有关的单位和个人，必须服从管理，各分包单位必须接受总包单位的统一领导和监督检查。

（3）施工现场必须按照施工总平面布置图设置各项临时设施，任何单位不许随意乱放各种材料和器具（如图 2-21）。

图 2-21　施工现场平面布置合理

（4）施工现场临时存放的施工材料要分规格码放整齐（如图 2-22），做到一头齐，一条线，不超高，不混放。

图 2-22　施工现场材料码放

（5）施工现场的用电线路、用电设施的安装和使用必须按照施工组织设计进行架设，严禁任意拉线接电。

（6）施工现场的各类机械，必须按照施工现场管理规定的位置停放整齐，定期进行保养，各种机械操作人员必须建立岗位责任制，做到持证上岗，严禁无证操作。

（7）必须保持施工现场的整洁，工人操作做到活完料净脚下清。每道工序完成后都要及时把剩余材料和建筑垃圾清理干净。

（8）施工现场内严禁随地大小便，有意违反加重处罚。施工人员要节约用水，消灭长流水、长明灯现象。

（9）施工现场必须认真执行消防条例，消除火灾隐患，完善消防设施，严禁擅自挪用消防设备、器材，不准埋压和圈占消防水源，不准占用、堵塞消防通道，吸烟棚是施工现场唯一允许吸烟的地点（如图 2-23）。

图 2-23　施工现场吸烟处

（10）进入施工现场必须戴好安全帽，施工和管理人员要佩戴胸卡，通过施工现场门禁进入施工现场（如图 2-24）。

图 2-24　施工现场门禁系统

（11）采取洒水等办法控制扬尘（如图 2-25），严禁凌空抛洒。对搅拌机、木工棚等采取封闭措施。

图 2-25　施工现场扬尘控制

（12）现场砂、石等不得混堆，材料要码放整齐，高度不得超过 1.5m。现场钢材必须按规格、品种、型号、长度分别挂牌堆放，原材料、成品、半成品及剩余料分类码放，不得混堆，发料时严格限额领料。

（13）现场的小型周转材料和工具，应入库存放，库房内货架整齐，排列顺直，并要求库房防潮、防水、防雨等。

（14）把质量和文明现场视为同一要素，重点解决扰民和工程质量问题，力争现场成为施工不扬尘、路面无渣土的"花园式"工地（如图 2-26）。

图 2-26　"花园式"工地

2. 环境保护

（1）防止大气污染

1）施工阶段，定时对道路进行淋水降尘，控制粉尘污染。

2）建筑结构内的施工垃圾清运，严禁随意凌空抛撒，施工垃圾应及时清运，并适量洒水，减少粉尘对空气的污染。

3）水泥和其他易飞扬物、细颗粒散体材料，安排在库内存放或严密遮盖，运输时要防止遗撒、飞扬，卸运时采取码放措施，减少污染。现场内所有交通路面和物料堆放场地进行处理，做到黄土不露天。对商品混凝土运输车要加强防止遗撒的管理，要求所有运输车辆卸料溜槽处必须装设防止遗撒的活动挡板，混凝土卸完后必须清理干净方准离开现场。

4）在出场大门处设置车辆冲洗池（如图 2-27），运土车辆经清洗和覆盖后出场，严防车辆携带泥沙出场造成道路的污染。

图 2-27　车辆冲洗池

（2）防止水污染

施工期间产生的各种污水如果不加处理即进行排放，会对施工场地周边环境造成污染。因此，施工场地污水排放前进行一定的处理是必要的（如图 2-28）。

图 2-28 施工现场排水沟

1) 主要的污染源

洗车废水：在冲洗车辆以及汽修过程中不可避免的将有部分泥沙、油污带入排出的口水中，形成水体的污染。

弃土场排水：当下雨时，由于雨水对裸露土场的冲刷，致使大量泥沙带入水体，大大增加水体混浊度。

施工排水：地下工程施工中为防止地下水对施工的影响，需对施工范围地下水采用降水措施。其中部分施工材料或灌浆材料（例如水泥浆、水玻璃等）在施工中被地下水浸泡溶解后带入排水，部分物质在水中溶解后呈碱性，增加了水体的 pH 值，致使水体受到碱性污染。

生活污水：施工场地的施工管理人员的饮食、起居等均要产生一定量的污水，主要包括食堂排水、粪便污水、洗涤废水等。生活污水中含有较高的污染物质，易导致严重降低水体水质。没有经过消毒的排水还有可能携带病菌进入水体造成污染。

2) 施工中对水体污染的防治对策

上述污染源中洗车废水由于数量较少，采取除油措施后对地面水体影响很小；施工排水的碱性污染，介于地区地表水体普遍碱度不足的特点对水体污染影响甚微。生活污水排放对水体环境污染的矛盾相对较为突出。

洗车废水：针对排水中的泥沙、油污，统一收集洗车场地的排水，设置隔油除砂池，并定期对其进行清掏。撇油除砂后的污水可直接排入雨水管道。

弃土场排水：沿弃土场周边设置截洪沟，另外，收集弃土区范围雨水，并汇至下游；单独设置沉砂池，减少带入下游沟渠的泥沙。有条件时，在弃土区内均铺 30cm 种植土，并于其上种植树木草皮等进行绿化，防止水土流失。

生活污水：包括食堂排水、粪便污水、洗涤废水等，其中食堂排水一般含有较多油脂，应于出水管道上设置隔油池，撇出浮油后的排水合并其他生活污废水进行处理。为减少生活污水中磷的排放，应尽量少用或不用含磷洗衣粉。现在对污水的处理普遍采用生物处理的方法，即是让污水在充氧或不充氧的状态下经过一些特定微生物的吸收、分解作用，去除水中的污染物质，使其无害化。

（3）防止施工噪音污染

在施工过程中严格遵照《建筑施工场界环境噪声排放标准》GB 12523—2011 要求（如表 2-1）制定如下降噪措施。

建筑施工场界噪声限值
表 2-1

主要噪声源	噪声限值	
	白天	夜间
地泵、空压机、振捣棒、电锯等	70dB	55dB

1）施工现场场界设噪声监控点，施工噪声一旦超标能及时发现并加以控制。

2）根据环保噪声标准日夜要求的不同，合理协调安排施工分项的施工时间。

3）所有车辆进入现场后禁止鸣笛，以减少噪声。

4）现场混凝土振捣采用低噪声混凝土振捣棒，振捣混凝土时，不得振动钢筋和钢模板，并做到快插慢拔。

5）严格控制强噪声作业，对电锯等强噪声设备，以隔声棚遮挡，实现降噪，并对木工棚实行封闭式隔声处理。

6）模板和脚手架在支设、拆除和搬运时，必须轻拿轻放，上下左右有人传递。

7）使用电锯切割时，应及时在锯片上刷油，且锯片送速不能过快，使用电锤开洞、凿眼时，应使用合格的电锤，及时在钻头上注水。

（4）限制光污染

探照灯尽量选择既能满足照明要求又不刺眼的新型灯具或采取措施，使夜间照明只照射施工区而不影响周围。

2.2.10 职业健康与卫生要求

1. 建设工程现场职业健康与卫生要求

（1）办公室和生活区应设密闭式垃圾容器（如图 2-29）；

（2）施工企业应制定施工现场的公共卫生突发事件应急预案；

（3）施工现场应配备常用药品及绷带、止血带、颈托、担架等急救器材；

（4）施工现场必须建立环境卫生管理和检查制度，并应做好检查记录。

图 2-29 密闭式垃圾容器

2. 建设工程现场职业健康与卫生的管理

（1）现场宿舍的管理

1）宿舍室内净高不得小于 2.4m，通道宽度不得小于 0.9m，每间宿舍居住人员不得超过 16 人。

2）施工现场宿舍必须设置可开启式窗户，宿舍内的床铺不得超过 2 层，严禁使用通铺。

（2）现场食堂的管理

1）食堂应设置在远离厕所、垃圾站、有毒有害场所等污染源的地方。

2）食堂的燃气罐应单独设置存放间。

3）食堂外应设置密闭式泔水桶，并应及时清运。

4）食堂应设置独立的制作间、储藏间，门扇下方应设不低于 0.2m 的防鼠挡板。制作间灶台及其周边应贴瓷砖，所贴瓷砖高度不宜小于 1.5m。粮食存放台距墙和地面应大于 0.2m。

（3）现场厕所的管理

1）施工现场应设置水冲式或移动式厕所。蹲位之间宜设置隔板，隔板高度不宜低于 0.9m。

2）高层建筑施工超过 8 层以后，每隔 4 层宜设置临时厕所。

（4）其他临时设施的管理

1）施工现场作业人员发生法定传染病、食物中毒或急性职业中毒时，必须在 2h 内向施工现场所在地建设行政主管部门和有关部门报告。

2）现场施工人员患有法定传染病时，应及时进行隔离。

2.3 施工现场安全标识

在施工过程中，为了确保安全文明施工，预防事故的发生，引起人们对不安全因素的注意，往往需要在一些必要的地方布置醒目的标志，安全标志就是颜色、图形和文字的组合。施工现场安全标志分为四类：禁止标志、警告标志、指令标志、指示标志。

2.3.1 禁止标志

主要用来表示不准或制止人们的某些行为，如禁放易燃物、禁止吸烟、禁止通行、禁止攀登、禁止烟火、禁止跨越、禁止启动、禁止用水灭火等。禁止标志的几何图形是带斜杠的圆环，斜杠与圆环相连用红色，图形符号用黑色，背景用白色（如图 2-30）。

图 2-30 禁止标志

图 2-30 禁止标志（续）

2.3.2 警告标志

用来警告人们可能发生的危险，如注意安全、当心火灾、当心触电、当心爆炸、当心坠落、当心弧光、当心电缆、当心静电、当心高温表面、当心落物、当心吊物、当心车辆等。警告标志的几何图形是黑色的正三角形，黑色符号、黄色背景（图2-31）。

图 2-31 警告标志

图 2-31　警告标志（续）

2.3.3　指令标志

用来表示必须遵守的命令，如必须戴安全帽、必须系安全带、必须穿防护鞋、必须戴防护眼镜、必须戴防护手套、必须穿工作服等。命令标志的几何图形是圆形，蓝色背景，白色图形符号（如图 2-32）。

图 2-32　指令标志

2.3.4 提示标志

用来示意目标的方向，标志的几何图形是方形，绿、红色背景，白色图形符号及文字（如图 2-33）。绿色背景的有紧急出口、可动火处、避险处、应急避难场所等。红色背景的有火警电话、灭火器、地上消火栓、地下消火栓、消防水泵结合器等。

紧急出口	紧急出口	可动火区	避险处
应急避难场所	急救点	应急电话	火警电话
灭火器	地上消火栓	地下消火栓	消防水泵接合器

图 2-33 提示标志

提示标志提示目标的位置时要加方向辅助标志。按实际需要指示左向时，辅助标志应放在图形标志的左方；如指示右向时，则应放在图形标志的右方，如图 2-34。

图 2-34 紧急出口

3 个人安全防护用品体验培训

安全防护用品，是保护员工在劳动生产过程中职业安全健康的一种预防性辅助措施，是保护员工健康安全的最后一道防线。由于建筑工人对防护用品的作用认识不到位，在施工作业中存在大量不戴安全帽、不系安全带的违章行为，这是目前建筑工人受事故伤害的主要原因。因此，加强对建筑工人对使用和佩戴个人安全防护用品的教育培训十分必要。

3.1 个人安全防护用品介绍

个人防护用品（PPE：Personal Protective Equipment）是从业人员为防御物理、化学、生物等外界因素伤害所穿戴、配备和使用的各种护品的总称。在生产作业场所穿戴、配备和使用的劳动防护用品也称个人防护用品。

在建筑施工现场常用的个人防护用品主要有：安全帽、反光背心、安全靴/鞋、安全眼镜、听力保护器、安全防护手套、呼吸保护器、安全带及其附属设备、救生衣/背心（水上作业中）等。

3.1.1 国家法律法规中关于个体防护的规定

国家相关法律法规对施工现场作业人员个人防护用品的配备均做出了相应规定，表 3-1 简要介绍了相关主要法律对个体防护用品配备的要求。

PPE 配备的相关主要法律规定   表 3-1

法律名称	法律内容
《安全生产法》	生产经营单位必须为从业人员提供符合国家标准或者行业标准的劳动防护用品，并监督、教育从业人员按照使用规则佩戴、使用。生产经营单位应当安排用于配备劳动防护用品、进行安全生产培训的经费等等
《劳动法》	用人单位必须为劳动者提供符合国家规定的劳动安全卫生条件和必要的劳动防护用品，对从事有职业危害作业的劳动者应当定期进行健康检查等等
《职业病防治法》	用人单位必须采用有效的职业病防护设施，并为劳动者提供个人使用的职业病防护用品。用人单位为劳动者个人提供的职业病防护用品必须符合放置职业病的要求；不符合要求的，不得使用等等
住建部《建筑施工作业劳动防护用品配备及使用标准》	从事新建、改建、扩建和拆除等有关建筑活动的施工企业，应根据本标准为从业人员配备相应的劳动防护用品，使其免遭或减轻事故伤害和职业危害。进入施工现场的施工人员和其他人员，应根据本标准正确佩戴相应的劳动防护用品，以确保施工过程中的安全与健康等等

3.1.2 个人安全防护用品种类及功能

我国对劳动防护用品采用以人体防护部位为法定分类标准，共分为九大类，具体如表 3-2 所示。

个人安全防护用品的种类及功能 表 3-2

个人防护用品种类	个人防护用品的功能	具体分类
头部防护用品	防御头部不受外来物体打击和其他因素而配备的个体防护装备	主要有一般防护帽、防尘帽、防水帽、防寒帽、安全帽、防静电帽、防高温帽、防电磁辐射帽、防昆虫帽等
呼吸器官防护用品	防御有害气体、蒸汽、粉尘、烟、雾经呼吸道吸入，或直接向使用者供氧或清洁空气，保证尘、毒污染或缺氧环境中劳动者能正常呼吸的防护用具	主要分为防颗粒物呼吸器（防尘口罩）和防毒面具两类，按功能又可分为过滤式和隔离式两类
眼面部防护用品	预防烟雾、尘粒、金属火化和飞屑、热、电磁辐射、激光、化学飞溅物等因素伤害眼睛或面部的个体防护用品	主要分为防尘、防水、防冲击、防高温、防电磁辐射、防放射线、防化学飞溅、防风沙等类别
听觉器官防护用品	阻止或减轻外在噪声对人体听觉系统损伤的防护用品	主要包括耳塞、耳罩、防噪声耳帽以及头盔等
手部防护用品	保护手和手臂功能的个体防护用品，通常称为劳保手套	按功能可分为一般防护手套、防水手套、防寒手套、防毒手套、防静电手套、防高温手套、防 X 射线手套、防酸碱手套、防油手套、防振手套、防切割手套、绝缘手套等
足部防护用品	防止生产过程中有害物质和能量损伤劳动者足部的护具	按功能可分为防寒鞋、保护足趾鞋、防静电鞋、防高温鞋、防化学品鞋、防油鞋、防滑鞋、防刺穿鞋、电绝缘鞋、防振鞋等
躯体防护用品	防御物理、化学和生物等外界因素伤害人体的工作服	按功能可分为一般防护服、防水服、防寒服、防砸背心、防毒服、阻燃服、防静电服、防高温服、防电磁辐射服、化学品防护服、防油服、水上救生衣、防昆虫服、防风沙服等
防坠落用品	防止人体从高处坠落的整体及个体防护用品	主要可分为安全带与安全网两种，安全网又可分为安全平网和安全立网两种
其他劳动防护用品	对人体其他部位进行防护的个人防护用品	如护肤用品，其可分为防毒、防腐、防射线及其他几类

3.1.3　个人安全防护用品着装展示

通过对个人防护用品的总览,使体验者全面了解个人防护用品的配备情况。图 3-1 为在施工现场按工作场景需要配备的 8 类个人防护用品。

图 3-2 中所展示的是生产过程中所必须配备的个人防护用品,右边为施工现场中的特种作业工种——焊工的一身安全标准着装,由滤光镜、绝缘手套以及绝缘鞋组成;左边为施工中普通作业人员所穿戴的安全标准着装,由安全帽、反光背心、安全带、防滑手套、裤腿绑带、绝缘鞋组成。

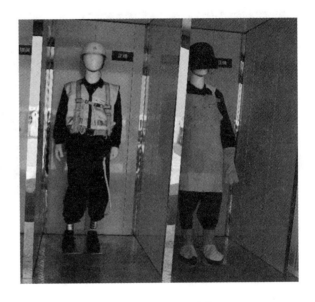

图 3-1　个人防护用品标准着装　　　　　　　　图 3-2　安全标准着装展示

第二部分是安全防护用品展示,如图 3-3 所示。施工现场中,根据工种不同,所佩戴的特殊劳动防护用品也有所不同。展柜中所展示的是施工现场当中所必须配备的安全劳动防护用品,工人要熟悉掌握这些用品的种类和用途。

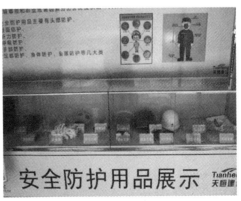

图 3-3　安全防护用品展示

3.2 建筑施工常用个人安全防护用品体验

3.2.1 安全帽撞击体验

在正确佩戴合格安全帽的情况下，体验物体打击，并与劣质安全帽、错误佩戴所产生的不同后果对比，感受安全帽对头部防护的重要性，从而增强体验者自觉并正确佩戴合格安全帽的意识。体验项目如图 3-4 所示。

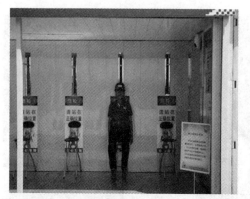

图 3-4　安全帽撞击体验

1. **体验要求和流程**

（1）体验者佩戴安全帽，戴正、戴稳并系上帽带，端坐于体验位置。

（2）由培训师遥控铁棒落下砸到体验者安全帽上，让体验者对比与不戴安全帽砸到头部的情形。

（3）体验结束，铁棒回到初始位置后，体验者再离开体验位置。

2. **体验注意事项**

（1）体验前检查体验设备及安全帽是否有故障及缺陷。

（2）体验者必须佩戴安全帽且端坐于铁棒正下方，安全帽帽壳中心正对铁棒下落的方向。

（3）必须系好下颌带。

（4）安全帽必须戴正、戴稳。

3. **体验知识点**

（1）确认安全帽完好，无破损、开裂、系带断裂等缺陷。

（2）应将内衬圆周大小调节到对头部稍有约束感，用双手试着左右转动帽壳，以基本不能转动，但不难受的程度，以不系下颌带低头时安全帽不会脱落为宜。

（3）佩戴安全帽必须系好下颌带，下颌带应紧贴下颌，松紧以下颌有约束感，但不难受为宜。

（4）女生佩戴安全帽应将头发放进帽衬。在施工现场或其他任何地点，不得将安全帽作为坐垫使用。

（5）确保安全帽处于有效期内。

图 3-5 为安全帽佩戴的正确示范。

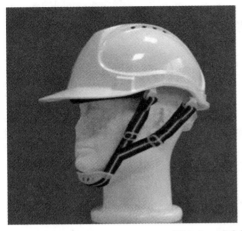

图 3-5　正确佩戴安全帽示范

3.2.2　安全带佩戴体验

通过提升设备将系好安全带的体验者提升至高空，目的是让体验者感受到高处坠落中安全带的重要性。并通过体验不同类型的安全带使体验者掌握正确的佩戴方法。体验项目如图 3-6 所示。

图 3-6　安全带使用体验

1. 体验要求和流程

（1）培训师向体验者讲解安全带使用标准。

（2）选取或指定对此项目感兴趣的体验者进行体验，培训师协助体验者佩戴好安全带，并检查无误。

（3）启动按钮，提升器将体验者缓慢提起，提升到一定高度时，提升器瞬间自由落体 1m，体验者感受三点式和五点式安全带对人体的支撑程度，以及安全带对人体的冲击力。

（4）悬空 5s 后，缓慢放下体验者，询问体验者在体验完这两种安全带的安全性能、支撑程度后的不同感受。

（5）想象假设未佩戴安全带或佩戴不合格安全带在发生事故时可能带来的后果，从而预防高处坠落事故的发生。

2. 体验注意事项

（1）使用前对设备进行全面检查。检查提升器是否有异常、绳索是否有破损、安全带是否能够正常使用、开关是否灵敏。

（2）指导体验者正确佩戴安全带，不要太松或太紧，太松支撑不到位，起不到作用；太紧容易对体验者胸腔造成压迫。

（3）体验者落下后，应及时调整呼吸，如有任何不适请立即告知培训师。

3. 体验知识点

（1）安全带应高挂低用，注意防止摆动碰撞。使用 3m 以上长绳应加缓冲器，自锁钩用吊绳例外。

（2）缓冲器、速差式装置和自锁钩可以串联使用。

（3）不准将绳打结使用。也不准将钩直接挂在安全绳上使用，应挂在连接环上用。

（4）安全带上的各种部件不得任意拆掉。更换新绳时，要注意加绳套。

（5）安全带使用两年后，按批量购入情况，抽验一次；对抽试过的样带，必须更换安全绳后才能继续使用。

（6）使用频繁的绳，要经常做外观检查，发现异常时应立即更换新绳，安全带使用期为 3～5 年，发现异常应提前报废。

安全带的使用应遵循以下步骤，如图 3-7 所示：

第一步：检查

背带和挂绳，没有断丝和明显划痕；金属挂钩没有可见裂纹，挂钩锁死装置完好可用。

第二步：穿戴

背带系紧，工作服领口、袖口扎紧，绑腿要松紧适度，不妨碍腿部活动。安全带绑扎完毕和绳子盘好后，挂钩挂在前面。

第三步：上下

先把安全带两个挂钩挂在头部上方位置，开始爬脚手架，当上到腰部位置时，摘下一个挂钩挂到头部上方位置。重复此步骤，上下。（挂钩轮换交替，确保上下过程中的安全）

第四步：水平

上到平台后，如需要往左（右）移动，先把一个挂钩摘下挂到左（右）前方位置，再倒换另外一个挂钩。（挂钩交替）。目的是确保在任何时候均有挂钩在挂点上，保证人身安全。

第五步：检查

两个挂钩挂好，经核查合格后，开始作业。

核查：牢靠处，高挂低用。

图 3-7　安全带的正确穿戴及使用

图 3-7　安全带的正确穿戴及使用（续）

3.2.3　安全鞋冲击体验

在安全鞋冲击体验中，体验者可穿上安全鞋进行穿刺、重砸体验，并与普通鞋对比后果，从而使体验者了解施工现场常见足部伤害类型并认识安全鞋的重要作用。体验项目如图 3-8 所示。

图 3-8　安全鞋撞击体验

1. 体验要求和流程

（1）由培训师讲解施工现场常见足部伤害类型与安全鞋对足部防护的意义（防砸、防刺穿、防滑、绝缘等）。

（2）选取对此项体验感兴趣的体验者穿着安全鞋，将足部踩到体验位置，并将安全鞋前端内含钢板的部分正对铁棒下落的位置。

（3）由培训师遥控使铁棒落下砸到安全鞋前端，让体验者认识安全鞋的重要作用。

2．体验注意事项

体验者必须穿着合格的安全鞋，将足部踩到合适的体验位置。

3．体验知识点

（1）施工现场环境错综复杂，朝天钉、钢管、钢筋、裸露的导线等危险有害因素均会对人员造成伤害，进入施工现场前必须穿戴好合适的安全鞋。

（2）安全鞋的性能会随着时间的推移而下降，在达到报废标准前须配备新的安全鞋。

3.2.4　噪声震动体验

向体验者介绍在建筑施工时噪声对人体健康带来的各种伤害。通过体验各种分贝的噪声，让体验者了解在噪声环境下可能的伤害，并掌握护听器的正确使用方法。体验项目如图 3-9 所示。

图 3-9　噪声体验

1．体验要求和流程

（1）选取或指定对此项目感兴趣的体验者进行体验，培训师协助体验者佩戴好安全防护耳罩，并检查无误。

（2）开启噪声体验设备，通过体验各种分贝的噪声，让体验者了解在噪声环境下可能的伤害。

2．体验注意事项

切勿将室内噪声音量调节至对人耳有害的大小。

3．体验知识点

（1）施工现场中充斥着大量的噪声，如钢筋加工、浇筑水泥振捣棒工作，还有各种切割锯的声音。

（2）长时间处于噪声环境中对人体生理与心理有很大的影响。噪声在 50～90dB 便会妨碍睡眠，引起焦虑；噪声在 90～130dB 时会出现耳朵发痒、疼痛感觉；噪声超过 130dB 后则会出现耳膜破裂、耳聋的严重后果。

（3）在噪声环境区作业一定要佩戴隔声耳罩、耳塞。

3.3 个人安全防护用品佩戴使用标准

3.3.1 安全帽

对人头部受坠落物及其他特定因素引起的伤害起防护作用的帽，安全帽由帽壳、帽衬、下颌带、附件组成，由塑料、橡胶、玻璃钢等材料制成。

安全帽有多种类型，包括普通安全帽、阻燃安全帽、防静电安全帽、电绝缘安全帽、抗压安全帽、防寒安全帽、耐高温安全帽等。相关标识见图 3-10、图 3-11。

图 3-10 安全帽相关标识（一）

图 3-11 安全帽相关标识（二）

安全帽判废：当出现下列情况之一时，即予判废，包括：

（1）所选用的安全帽不符合《安全帽》GB 2811—2007 的要求；

（2）所选用的安全帽功能与所从事的作业类型不匹配；

（3）所选用的安全帽超过有效使用期；

（4）安全帽部件损坏、缺失，影响正常佩戴；

（5）所选用的安全帽经过定期检验和抽查为不合格；

（6）安全帽受过强烈冲击，即使没有明显损坏；

（7）当发生使用说明中规定的其他报废条件时。

3.3.2 安全带

防止高处作业人员发生坠落或发生坠落后将作业人员安全悬挂的个体防护装备，相关标识见图 3-12。

在距坠落高度基准面 2m 及 2m 以上，有发生坠落危险的场所作业，对个人进行坠落防护时，应使用坠落悬挂安全带或区域限制安全带。

图 3-12 安全带相关标识

在距离坠落高度基准面 2m 及 2m 以上进行杆塔作业，对个人进行坠落防护时，应使用围栏作业安全带或坠落悬挂安全带。

安全带分类主要有围杆作业安全带、区域限制安全带、坠落悬挂安全带三种，在建筑施工现场主要使用坠落悬挂安全带，正确穿戴与悬挂如图 3-13、图 3-14 所示。

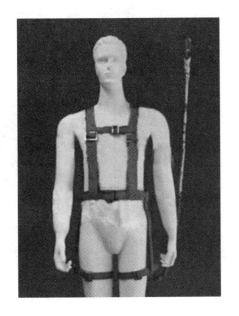

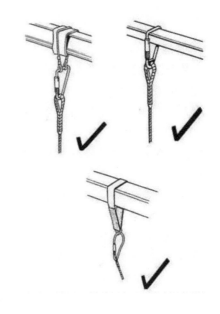

图 3-13　安全带正确穿戴示意图　　　　　　　图 3-14　安全带正确悬挂示意图

凡离坠落高度基准面 2m 及以上地点（坠落相对距离）进行工作，都应视为高处作业，都必须使用安全带。

高处作业安全带使用应遵从高挂低用的原则，如图 3-15 所示，图中三人哪个安全带挂错了？如发生坠落哪个危险性更大？

图 3-15　安全带高挂低用示意图

3.3.3 安全鞋

按照防护功能的不同，分为以下几种（施工现场常见）：

1. 保护足趾鞋（靴）

足趾部分装有保护包头，保护足趾免受冲击或挤压伤害的防护鞋（靴），又称防砸鞋（靴）。

2. 防刺穿鞋（靴）

内底装有防刺穿垫。防御尖锐物刺穿鞋底的足部防护鞋（靴）。

3. 电绝缘鞋（靴）

能使人的脚步与带电物体绝缘阻止电流通过身体，防止电击的足部防护鞋（靴）。

安全鞋（靴）可同时具有以上几种功能。

在实际工作中应根据实际工作状况使用绝缘鞋或保护足趾安全鞋或其他种类安全鞋。相关标识见图3-16。

图 3-16 安全鞋相关标识

安全鞋的判废：

使用前应对足部防护鞋（靴）进行外观缺陷检查，若出现图3-17所示（a）～（f）所述特征的鞋（靴）应判废；

（1）帮面出现明显裂痕，裂痕深及帮面厚度的一半（图a）；

（2）帮面出现严重磨损、包头外露（图b）；

（3）帮面变形、烧焦、融化或发泡，或腿部部分的裂开（图c）；

（4）鞋底裂痕长度大于10mm，深度大于3mm（图d）；

（5）帮底结合处的裂痕长度大于15mm和深度大于5mm，鞋出现穿透；

（6）防滑鞋防滑花纹高度低于1.5mm（图e）；

（7）鞋的内底、内衬明显变形及破损。

注意检查内衬与包头边缘处，如有损坏可造成伤害（图f）。

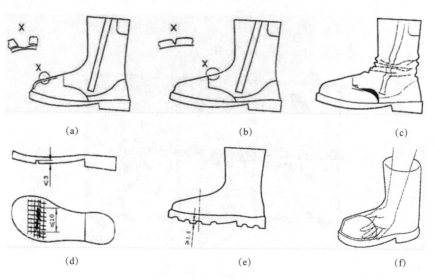

图 3-17 安全鞋判废分类

3.3.4 防护服

防御物理、化学和生物等外界因素伤害，保护人体的工作服。相关标识见图 3-18。

防护服有多种种类，在建筑施工现场常见的防护服类型有：一般工作服、防毒工作服、耐酸工作服、耐火工作服、隔热工作服、通风冷却工作服、防射线工作服、劳动防护雨衣、高可视性警示服（反光背心）等。

图 3-18　防护服相关标识

施工现场作业人员防护服穿着要求：

（1）作业人员作业时必须穿着防护服；

（2）操作转动机械时，袖口必须扎紧，绑腿必须绑牢；

（3）从事特殊作业人员必须穿着特殊作业防护服；

（4）夜间施工或者暗处施工时，劳动者必须在已有的防护服外穿着合适的反光背心或直接穿着高可视性警示服或佩戴反光条，如图 3-19 所示。

图 3-19　施工现场反光背心

3.3.5　眼、面部防护类

眼、面部防护用具（图 3-20）是提供保护以及对抗以下伤害：

（1）不同强度的冲击；

（2）可见光辐射；

（3）熔融金属飞溅；

（4）液体雾滴和飞溅；

（5）粉尘；

（6）刺激性气体；

（7）或这些类型伤害的任何组合。

使用前必须确保防护用品的完整性以及有效性，否则必须进行更换。

眼、面防护用品根据外观的分类如图 3-21 所示。

图 3-20　眼、面部防护类相关标识

名称	样　型					
眼镜	普通型			带侧光板型		
眼罩	开放型			封闭型		
面罩	手持式	头戴式		安全帽与面罩组合		
	全面罩	全面罩	半面罩	全面罩	半面罩	头盔式

图 3-21　眼、面部防护用具的分类

在建筑施工现场中常见的有防冲击眼镜、焊接眼护具及防尘眼镜等。常见眼、面部防护用品如图 3-22 所示。

防冲击眼镜

焊接面罩

图 3-22　施工现场常见眼、面部防护用品

3.3.6　护听器

护听器是保护听觉、使人免受噪声过度刺激的防护产品，见图 3-23。

适用条件：

（1）在噪声超过 85 分贝（dBA）的区域内工作的所有人员必须佩戴听力保护设备。

（2）如果在需要大声讲话才能听到的情况下，也需要佩戴听力保护设备。

防噪声耳塞使用方法：

（1）搓细：将耳塞搓成长条状，搓得越细越容易佩戴。

（2）塞入：拉起上耳角，将耳塞的三分之二塞入耳道中。

（3）按住：按住耳塞约 20s，直至耳塞膨胀并堵住耳道。

（4）拉出：用完后取出耳塞时，将耳塞轻轻地旋转拉出。

护听器有耳罩、耳塞、头盔等类型，如图 3-24、图 3-25所示。在强噪声环境中可将耳塞与耳罩、头盔复合使用。

图 3-23　护听器相关标识

图 3-24　各类护听器

图 3-25　护听器附着到有插片的安全帽上

3.3.7 呼吸器官防护类

防御缺氧空气和空气污染物进入呼吸道的防护用品，见图 3-26。

一般分类：随弃式防颗粒物口罩（一次性）、可重复使用防护面罩、电动送风空气过滤式及长管供气式呼吸器。在建筑施工现场常用到的有防尘口罩、防毒面具等，如图 3-27 所示。

呼吸防护用品使用的一般原则：

（1）任何呼吸防护用品的防护功能都是有限的，如在使用过程中有时间限制的，到达规定时间则必须更换。

（2）所有使用人员均应接受呼吸防护用品使用方法培训。

（3）使用前应检查呼吸防护用品的完整性、过滤元件的适用性、电池电量、气瓶储气量等，消除不符合有关规定的现象后才允许使用。

图 3-26 呼吸器官防护类相关标识

（4）进入有害环境前，应先佩戴好呼吸防护用品。对于密合型面罩，使用者应做佩戴气密性检查，以确认是否密合。

（5）在有害环境作业的人员应始终佩戴呼吸防护用品。

（6）当使用中感到异味、咳嗽、刺激、恶心等不适症状时，应立即离开有害环境，并应检查呼吸防护用品，确定并排除故障后方可离开有害环境，并应检查呼吸防护用品，确定并排除故障后方可重新进入有害环境；若无故障存在，应更换有效的过滤元件。

图 3-28 所示为常见防尘口罩佩戴方法。

防毒口罩　　　　　　　　　防尘口罩　　　　　　　　　防毒面具

图 3-27 常见的呼吸防护用品

图 3-28　常见防尘口罩佩戴方法

3.3.8　手部防护类

劳动过程中对手的伤害最直接、最普遍。如：磨损、灼烫、刺割等，所以要特别注意对手的防护。防护手套种类很多，有纱手套、帆布手套、皮手套、绝缘手套等，要根据工作的不同佩戴。大锤敲击、车床操作禁止戴手套，以避免缠卷或脱手而造成伤害。见图 3-29。

建筑施工现场常用的手部防护用品有：防腐蚀、防化学药品手套，绝缘手套，搬运手套，防火防烫手套，防机械伤害手套等。以常见的焊工与电工防护手套为例介绍：

1. 焊工防护手套

保护手部和腕部免遭熔融金属滴、短时接触有限的火焰、对流热、传导热和弧光的紫外线辐射以及机械性的伤害，且其材料具有能耐受高达 100V（直流）的电弧焊的最小电阻的这样一种手套。如图 3-30 所示。

图 3-29　手部防护类相关标识

图 3-30　焊工防护手套

性能要求：焊工防护手套应具有合乎规定的以下性能：

（1）耐磨性；

（2）抗切割性；

（3）抗撕裂性；

（4）抗刺穿性；

（5）隔热性；

（6）抗熔融金属滴冲击性；

（7）灵活性等。

如图 3-31 所示，该工人配备了合乎要求的防护用品：安全帽、焊接面罩、焊工防护手套、隔热服。

图 3-31　焊工防护标准着装示范

图 3-32 所示则是一则错误示范，图中的工人没有佩戴正确的眼、面部护具，没有佩戴正确的焊工手套且没有穿阻燃性能的工作服。

2. 带电作业用绝缘手套（如图 3-33 所示）

图 3-32　焊工防护错误示范

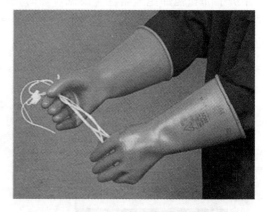

图 3-33　带电作业用绝缘手套

注：电工手套的选择一定要根据不同的电压等级选择不同等级的电工绝缘手套。而且，一定要确保密封性良好，不能有破损。

参考表 3-3 选择合适的电工绝缘手套，在不了解电压等级的情况下，选择高等级绝缘手套或者全部使用高等级绝缘手套。

带电作业用绝缘手套分级及适用范围　　　　　　　　　　　　　　表 3-3

防护设备	特点	分级	级别指标	适用范围
带电作业用绝缘手套	具有良好绝缘性能	0 级	交流试验最低耐受电压 10kV，直流试验最低耐受电压 20kV	适用于 380V 等级电压作业
		1 级	交流试验最低耐受电压 20kV，直流试验最低耐受电压 40kV	适用于 3000V 等级电压作业
		2 级	交流试验最低耐受电压 30kV，直流试验最低耐受电压 60kV	适用于 10000V 等级电压作业

防护设备	特点	分级	级别指标	适用范围
带电作业用绝缘手套	具有良好绝缘性能	3级	交流试验最低耐受电压40kV，直流试验最低耐受电压70kV	适用于20000V等级电压作业
		4级	交流试验最低耐受电压60kV，直流试验最低耐受电压90kV	适用于35000V等级电压作业

3.4 事故案例

3.4.1 施工现场未佩戴安全帽

案例一：某建筑施工工地，一名戴着未系下颌带的安全帽的工人在1.5m左右高的脚手架上作业时，不慎坠落地面，坠落过程中安全帽离开头部，该工人后脑部直接撞击地面，经医院抢救无效死亡。如图3-34所示。

图3-34 未正确佩戴安全帽案例

事故原因及教训：若戴安全帽系了下颚带，该工人可能不至于死亡。

案例二：某建筑工地，一名建筑工人因为天气炎热，就摘掉了安全帽进行工作，当班工友向作业平台丢钢筋时，钢筋反弹砸中该工人头部，当时血流不止，幸好及时送往医院，没有生命危险。如图3-35所示。

图3-35 未佩戴安全帽案例

事故原因及教训：在施工现场中，不能因为外部天气原因或者其他原因摘下安全帽，只要进入施工现场则必须佩戴安全帽。

3.4.2　高处作业不系安全带

案例：2009 年×月×日，施工人员苏某某、廖某某二人在大桥工程 N1 承台 0 号块支撑架下面捆绑、调运材料，从事工字钢安装工作。苏某某未系安全带站在平台边协助廖某某等吊运工字钢，廖某某也未督促其系好安全带。由于工字钢是单条钢丝绳吊运，摆动较大，苏某某在平台边探身到平台外，没有抓住工字钢中心失稳，从 N1 承台 0 号块支架平台上面坠落到下面承台通道的安全防护棚上，再跌落到承台的通道上。苏某某因重伤抢救无效，于 3 天后死亡。高处作业不系安全带图片如图 3-36 所示。

事故原因及教训：安全带是高空作业人员的生命线，2m 以上的高处作业必须系安全带且正确掌握安全带的用法。

图 3-36　高处作业不系安全带案例

3.4.3　施工作业未佩戴眼部防护用具

案例：一人在进行家庭装修时，往屋顶上钉钉子，钉子反弹回来打入其左眼，造成失明。而如果其带好安全眼镜，那只眼睛完全可以保住。如图 3-37 所示。

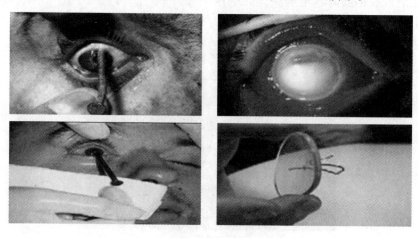

图 3-37　未佩戴眼部防护用具案例

事故教训：在面对冲击、粉尘或烟尘、化学品或者光、热辐射的工作场景，须佩戴符合要求的眼部防护用品。

3.4.4 事故原因总结及预防要点

1. 事故原因总结

（1）未佩戴个人防护用品；

（2）个人防护用品使用不正确；

（3）个人防护用品失效等。

2. 事故预防要点

作业人员在进入施工现场前必须穿戴好合适的个人防护用品，掌握正确使用个人防护用品的方法。根据施工现场环境的复杂性还应增加穿戴个人防护用品的种类。每次工作前必须穿戴的个人防护用品有：安全帽、安全鞋、防护服（反光背心），视工作环境增加的个人防护用品有：安全带、防护眼镜、防护耳罩、防护口罩、防护手套等。

4 建筑施工高处作业体验培训

建筑施工过程中因高处作业导致的坠落事故即称为建筑施工高处坠落事故。高处坠落事故在世界范围内都是事故率排在第一位的事故类型，历年来占到我国所有建筑施工事故类型的近一半比例，且高居不下，而且近年来高处坠落呈现出一次事故死亡人数不断增多的态势。因此，预防高处坠落事故是建筑施工安全生产的主要任务。

4.1 建筑施工高处作业介绍

4.1.1 高处作业的概念

所谓高处作业是指人在一定位置为基准的高处进行的作业。国家标准《高处作业分级》GB/T 3608—2008 规定："凡在坠落高度基准面 2m 以上（含 2m）有可能坠落的高处进行的作业，都称为高处作业。"根据这一规定，在建筑业中涉及高处作业的范围是相当广泛的。在建筑物内作业时，若在 2m 以上的架子上进行操作，即为高处作业。

在高处作业的概念中，我们通过以下几个定义对高处作业进行更加清晰的理解。

1. 基准面

即坠落下去的底面，如地面、楼面、楼梯平面、相邻较近建筑物的屋面、基坑的底面、脚手架的通道板等。底面可能高低不平，所以对基准面的规定为发生坠落时最低坠落着落点的水平面。

2. 最低坠落着落点

在作业位置可能坠落到的最低点，成为该作业位置的最低坠落着落点。如果处在四周封闭状态，那么即使在高空，例如在高层建筑的居室内作业，也不能称为高处作业。

3. 坠落高度基准面

通过最低坠落着落点的水平面，称为坠落高度基准面。

在施工现场高处作业中，如果未防护、防护不好或作业不当，都可能发生人或物的坠落。人从高处坠落的事故，称为高处坠落事故。

4.1.2 高处作业类型

建筑施工中的高处作业主要包括临边作业、洞口作业、攀登作业、悬空作业、交叉作业等五种基本类型，这些类型具体为：

1. 临边作业

临边作业是指：施工现场中，工作面边沿无围护设施或围护设施高度低于 800mm 时的高处作业。

下列作业条件属于临边作业：

（1）基坑周边，无防护的阳台、料台与挑平台等；

（2）无防护楼层、楼面周边；

（3）无防护的楼梯口和梯段口；

（4）井架、施工电梯和脚手架等的通道两侧面；

（5）各种垂直运输卸料平台的周边。

2. 洞口作业

洞口作业是指：孔、洞口旁边的高处作业，包括施工现场及通道旁深度在 2m 及 2m 以上的桩孔、沟槽与管道孔洞等边沿作业。

建筑物的楼梯口、电梯口及设备安装预留洞口等（在未安装正式栏杆、门窗等围护结构时），还有一些施工需要预留的上料口、通道口、施工口等。凡是在 2.5cm 以上，洞口若没有防护时，就有造成作业人员高处坠落的危险；或者若不慎将物体从这些洞口坠落时，还可能造成下面的人员发生物体打击事故。

3. 攀登作业

攀登作业是指：借助建筑结构或脚手架上的登高设施或采用梯子或其他登高设施在攀登条件下进行的高处作业。

在建筑物周围搭拆脚手架、张挂安全网，装拆塔机、龙门架、井字架、施工电梯、桩架，登高安装钢结构构件等作业都属于这种作业。

进行攀登作业时作业人员由于没有作业平台，只能攀登在可借助物的架子上作业，要借助一手攀、一只脚勾或用腰绳来保持平衡，身体重心垂线不通过脚下，作业难度大、危险性大，若有不慎就可能坠落。

4. 悬空作业

悬空作业是指：在周边临空状态下进行高处作业。其特点是在操作者无立足点或无牢靠立足点条件下进行高处作业。

建筑施工中的构件吊装，利用吊篮进行外装修，悬挑或悬空梁板、雨棚等特殊部位支拆模板、扎筋、浇混凝土等项作业都属于悬空作业，由于是在不稳定的条件下施工作业，危险性很大。

5. 交叉作业

交叉作业是指：在施工现场的上下不同层次，于空间贯通状态下同时进行的高处作业。

现场施工上部搭设脚手架、吊运物料、地面上的人员搬运材料、制作钢筋，或外墙装修下面打底抹灰、上面进行面层装饰等等，都是施工现场的交叉作业。交叉作业中，若高处作业不慎碰掉物料，失手掉下工具或吊运物体散落，都可能砸到下面的作业人员，发生物体打击伤亡事故。

4.1.3 高处作业分级

高处作业按照作业高度分为以下四级：

（1）作业高度在 2~5m 时，称为一级高处作业，其坠落半径为 2m。

（2）作业高度在 5m 以上至 15m 时，称为二级高处作业，其坠落半径为 3m。

（3）作业高度在 15m 以上至 30m 时，称为三级高处作业，其坠落半径为 4m。

（4）作业高度在 30m 以上时，称为特级高处作业，其坠落半径为 5m。

4.2 建筑施工高处坠落事故体验

4.2.1 洞口坠落

为减少高处作业中洞口坠落事故的发生，通过气动设备模拟了预留洞口等坠落场景，体验者可亲自感受洞口处的突然坠落，并学习突发坠落时的自我保护知识。体验项目如图4-1所示。

图 4-1　洞口坠落体验设施

1. 体验要求和流程

（1）培训师向体验者讲解有关洞口作业安全知识。

（2）选取或指定对此项目感兴趣的体验者进行体验。培训师向体验者强调准备坠落动作要领，要求体验者采用蹲马步的姿势站立，双臂交叉，手放置于肩部，如图4-2所示。

（3）体验者准备就绪后，与其交谈聊天，转移其大脑注意力。两名培训师对接成功后，由另一名培训师启动按钮，模拟洞口盖板瞬间打开，体验者随即坠落，下方海绵泡沫作为保护措施。

（4）坠落后，要求体验者不得立即起身离开，稍作休息，防止由于惯性而晕倒。

（5）体验者假设下方无保护措施，体验坠落后结果的严重性，从而正确预防因不良开口部的处理而引起的坠落事故。

图 4-2　洞口坠落正确体验姿势

2. 体验注意事项

（1）使用前对设备进行全面检查。检查洞口盖板是否牢固、开关是否灵敏、海绵球数量是否能够起到保护作用。

（2）体验前询问体验者，是否有心脏病、高血压、恐高症之类的病症，有此病症者一律不准体验此项目。

（3）收集体验者的手机、钱包、眼镜等随身物品，体验完毕后交还给体验者。

（4）确保体验者做好安全坠落准备动作。

3. 体验知识点

（1）当垂直洞口短边边长小于 500mm 时，应采取封堵措施；当垂直洞口短边边长大于或等于 500mm 时，应在临空一侧设置高度不小于 1.2m 的防护栏杆，并应采用密目式安全立网或工具式栏板封闭，设置挡脚板，如图 4-3～图 4-5 所示。

图 4-3　短边边长＜500mm 洞口防护示意图

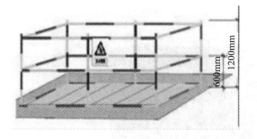
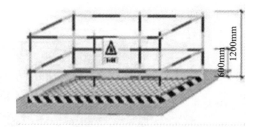

图 4-4　短边边长>500mm 水平硬质隔离防护　　图 4-5　短边边长>500mm 安全平网隔离防护

（2）当非垂直洞口短边尺寸为 25～500mm 时，应采用承载力满足使用要求的盖板覆盖，盖板四周搁置应均衡，且应防止盖板移位。

（3）当非垂直洞口短边边长为 500～1500mm 时，应采用专项设计盖板覆盖，并应采取固定措施。

（4）当非垂直洞口短边长大于或等于 1500mm 时，应在洞口作业侧设置高度不小于 1.2m 的防护栏杆，并应采用密目式安全立网或工具式栏板封闭；洞口应采用安全平网封闭。

（5）电梯井口应设置防护门，其高度不应小于 1.5m，防护门底端距地面高度不应大于 50mm，并应设置挡脚板，如图 4-6 所示。

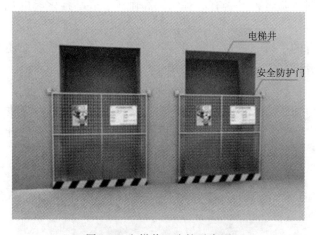

图 4-6　电梯井口防护示意图

在进入电梯安装施工工序之前，同时井道内应每隔 10m 且不大于 2 层加设一道水平安全网。电梯井内的施工层上部，应设置隔离防护设施。

（6）施工现场通道附近的洞口、坑、沟、槽、高处临边等危险作业处，应悬挂安全警示标志外，夜间应设灯光警示。

（7）边长不大于 500mm 洞口所加盖板，应能承受不小于 $1.1kN/m^2$ 的荷载。

（8）墙面等处落地的竖向洞口、窗台高度低于 800mm 的竖向洞口及框架结构在浇注完混凝土没有砌筑墙体时的洞口，应按临边防护要求设置防护栏杆。

4.2.2 移动式操作架倾倒

为减少高处作业中移动式操作架倾倒事故的发生，项目设置了正确和错误的移动操作架模型，让体验者可以直观学习移动操作架使用要点并可进行不良情况下的倾倒体验。体验项目如图 4-7 所示。

图 4-7 移动式操作架倾倒体验设施

1. 体验要求和流程

（1）通过体验合格与劣质两种操作架，能够掌握移动式操作架的正确使用方法，以及在使用中应注意的问题，在施工过程中确保人身安全。

（2）培训师向体验者讲解施工现场移动式操作架的使用规定。

（3）体验者选取或指定对此项目感兴趣的体验者进行体验，可以一次上两名体验者小心登上劣质操作架顶部，并将各自安全带挂在护栏上。

（4）由一名体验者提拉系有绳子的木桶，当木桶升至一定高度时，操作架整体向提拉木桶侧发生倾斜。

（5）体验者会突然感受到由于平台的倾倒带来的触觉冲击，从而深刻牢记要使用合格的移动式操作架。

2. 体验注意事项

（1）体验前对设备进行全面检查。检查脚轮及刹车是否有正常；检查所有门架、交叉杆、脚踏板有无锈蚀、开焊、变形或损伤；检查安全围栏安装、所有连接件连接是否牢固，有无变形或损伤。

（2）体验者正确上爬，面朝梯子身体减少晃动，保持上身与梯子平行，并注意鞋与梯子是否打滑。如太阳暴晒过后，梯子较烫，给体验者佩戴手套攀爬，如图 4-8 所示。

图 4-8　移动式操作架倾倒正确体验姿势

（3）体验者在操作平台上切勿随意走动，面向水桶一侧，缓慢提水桶，如图 4-9 所示。

3. 体验知识点

（1）移动式操作平台的面积不应超过 $10m^2$，高度不应超过 5m，高宽比不应大于 3：1，施工荷载不应超过 $1.5kN/m^2$，如图 4-10 所示。

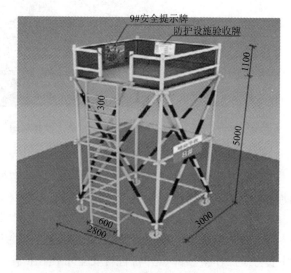

图 4-9　移动式操作架倾倒正确体验姿势　　　图 4-10　移动式操作平台示意图

（2）移动式操作平台的轮子与平台架体连接应牢固，立柱底端离地面不得超过 80mm，行走轮和导向轮应配有制动器或刹车闸等固定措施。

（3）移动式行走轮的承载力不应小于 5kN，行走轮制动器的制动力矩不应小于 $2.5N \cdot m$，移动式操作平台架体应保持垂直，不得弯曲变形，行走轮的制动器除在移动情况外，均应保持制动状态。

（4）移动式操作架不得将滚轮作为架体支撑点，架底部必须设置抛撑固定。

（5）移动式操作平台在移动时，操作平台上不得站人。

4.2.3 人字梯倾倒

设置了同比例人字梯模型，体验者可亲身操作使用，当操作不标准时会触发系统出现倾倒。体验者可生动地学习人字梯正确的使用方法及注意事项。体验项目如图 4-11 所示。

图 4-11　人字梯倾倒体验设施

1. 体验要求和流程

通过体验，认知人字梯倾倒的危险性，掌握垂直爬梯的正确使用方法和安全防护要求。

（1）讲解垂直爬梯的安装标准和使用方法。

（2）选取或指定对此项目感兴趣的体验者进行体验。体验者爬上人字梯大概两阶后，手紧握梯子，做好准备，如图 4-12 所示。

图 4-12　人字梯倾倒体验正确姿势

（3）培训师按下按钮，人字梯发生侧倾。待梯子恢复原位稳定后，体验者下来。

（4）让体验者感受攀爬人字梯倾斜时带来的严重后果。

2. 体验注意事项

体验前对设备进行全面检查。检查架体各连接件是否连接牢固、安全铰链是否结实，如图 4-13 所示。

图 4-13　人字梯倾倒体验安全铰链连接

3. 体验知识点

（1）上下人字梯时应面朝人字梯，要做到三点接触（脚、手、身），每次只能跨一档，手中不得拿其他任何东西（包括工具、材料等），要保持身体的中心保持在人字梯的中间位置。

（2）使用人字梯时不得超过人字梯顶端前三档。

（3）上部夹角以 35°～45°为宜，铰链须牢固，并有可靠的拉撑措施。

（4）梯脚底部应坚实，不得垫高使用，做好防滑处理。

（5）禁止两人同时使用同一只人字梯。

（6）必须有专人看护，由专人传送物品，系好安全带。

（7）不得将人字梯作为直梯使用，不得站在人字梯顶部两梯级上工作，如图 4-14 所示，如果需要爬高至人字梯底部 2.5m 以上部位，人字梯应可靠固定或安排其他员工协助固定梯子。

图 4-14　人字梯示意图

4.2.4　垂直爬梯倾倒

通过气动装置模拟了垂直爬梯倾覆场景，使体验者认识到垂直爬梯倾倒的危害，掌握爬梯的使用方法及注意事项。体验项目如图 4-15 所示。

图 4-15　垂直爬梯倾倒体验设施

1. 体验要求和流程

通过体验，认知垂直爬梯倾倒的危险性，掌握垂直爬梯的正确使用方法和安全防护要求。

（1）讲解垂直爬梯的安装标准和使用方法。

（2）选取或指定对此项目感兴趣的体验者进行体验。要求体验者提前挂好安全带，做好自我保护，分别体验优质与劣质垂直爬梯。

（3）当体验者攀爬劣质垂直梯到一定高度时，培训师按下按钮，梯子会发生约 30°～40°左右倾斜。倾斜后，缓慢使梯子恢复原位，体验者面向梯子下来，如图 4-16 所示。

（4）让体验者感受攀爬劣质垂直梯子倾斜时带来的严重后果。

图 4-16 垂直爬梯倾倒正确体验姿势

2. 体验注意事项

体验前对设备进行全面检查。检查架体各连接件是否连接牢固，开关是否灵敏。如太阳暴晒过后，梯子较烫，给体验者佩戴手套攀爬。

3. 体验知识点

（1）梯脚底部应坚实，不得垫高使用。梯子的上端应有固定措施。

（2）梯子如需接长使用，必须有可靠的连接措施，且接头不得超过 1 处。连接后梯梁的强度，不应低于单梯梯梁的强度。

（3）固定式垂直爬梯应用金属材料制成。梯子内侧净宽应为 400～600mm，支撑应采用不小于∟70×6 的角钢，埋设与焊接均必须牢固。梯子顶端的踏棍应与攀登的顶面齐平，并假设 1.05～1.5m 高的扶手。

（4）上下梯子时，必须面向梯子，且不得手持器物。

（5）使用垂直爬梯进行攀登作业时，攀登高度以 5m 为宜。超过 2m 时，宜加设护笼；超过 8m 时，必须设置梯间平台。

4.2.5 防护栏杆倾倒

体验者在脚手架护栏停靠时，局部栏杆会突然倾倒，感受不良护栏的危险性，栏杆防护不到位对施工人员造成的危害，以此了解护栏的作用并提高防范意识。体验项目如图 4-17所示。

1. 体验要求和流程

感受不良护栏的危险性，栏杆防护不到位对施工人员造成的危害。

（1）讲解防护栏杆的连接与搭设要求。

（2）培训师对体验者讲解栏杆发生事故的原因。经常由于作业人员随意拆除防护栏杆，而拆除之后又未及时恢复到原位，也没有对其他作业人员进行安全交底，或者直接未搭设防护栏杆，从而造成高处坠落事故。

（3）选取或指定对此项目感兴趣的体验者进行体验。培训师指导体验者将安全带挂在安全栏杆上，身体接近防护栏杆横杆被包裹处，如图 4-18 所示。

图 4-17　防护栏杆体验设施

图 4-18　防护栏杆正确体验姿势

（4）体验者准备就绪后，与其交谈聊天，转移其大脑注意力。培训师启动按钮，安全栏杆瞬间倾斜。

（5）假设栏杆无安全保护措施，想象劣质护栏倾倒时可能带来的严重后果。

2. 体验注意事项

体验前对设备进行全面检查。检查包裹棉包裹是否牢靠，连接件连接是否牢固，安全立网是否封闭，按钮开关是否灵敏。

3. 体验知识点

（1）临边作业的防护栏杆应由横杆、立杆及不低于180mm高的挡脚板组成。

（2）防护栏杆应为两道横杆，上杆距地面高度应为1.2m，下杆应在上杆和挡脚板中间设置。当防护栏杆高度大于1.2m时，应增设横杆，横杆间距不应大于600mm。

（3）防护栏杆立杆间距不应大于2m，如图4-19所示。

（4）防护栏杆立杆底端应固定牢固：当在基坑四周土体上固定时，应采用预埋或打入方式固定。当基坑周边采用板桩时，如用钢管做立杆，钢管立杆应设置在板桩外侧；当采用木立杆时，预埋件应与木杆件连接牢固。

（5）采用钢管作为防护栏杆杆件时，横杆及栏杆立杆应采用脚手钢管，并应采用扣件、焊接、定型套管等方式进行连接固定。

图 4-19 临边防护栏杆示意图

（6）采用原木作为防护栏杆杆件时，杉木杆梢径不应小于 80mm，红松、落叶松梢径不应小于 70mm；栏杆立杆木杆梢径不应小于 70mm；并应采用 8 号镀锌钢丝或回火钢丝进行绑扎，绑扎应牢固紧密，不得出现泻滑现象。用过的钢丝不得重复使用。

（7）采用其他型材作防护栏杆杆件时，应选用与脚手钢管材质强度相当规格的材料，并应采用螺栓、销轴或焊接等方式进行连接固定。

（8）栏杆立杆和横杆的设置、固定及连接，应确保防护栏杆在上下横杆和立杆任何处，均能承受任何方向的最小 1kN 外力作用，当栏杆所处位置有发生人群拥挤、车辆冲击和物件碰撞等可能时，应加大横杆截面或加密立杆间距。

（9）防护栏杆应张挂密目式安全立网。

4.3 建筑施工高处作业基本规定与安全规范

4.3.1 基本规定

建筑施工高处作业前，应对安全防护设施进行检查、验收，验收合格后方可进行作业；验收可分层或分阶段进行；应对作业人员进行安全技术教育及交底，并应配备相应防护用品；应检查高处作业的安全标志、安全设施、工具、仪表、防火设施、电气设施和设备，确认其完好，方可进行施工。

高处作业人员应按规定正确佩戴和使用高处作业安全防护用品、用具，并应经专人检查。

对施工作业现场所有可能坠落的物料，应及时拆除或采取固定措施。高处作业所用的物料应堆放平稳，不得妨碍通行和装卸。工具应随手放入工具袋；作业中的走道、通道板和登高用具，应随时清理干净；拆卸下的物料及余料和废料应及时清理运走，不得任意放置或向下丢弃。传递物料时不得抛掷。

施工现场应按规定设置消防器材，当进行焊接等动火作业时，应采取防火措施。

在雨、霜、雾、雪等天气进行高处作业时，应采取防滑、防冻措施，并应及时清除作业面上的水、冰、雪、霜。

当遇有6级以上强风、浓雾、沙尘暴等恶劣气候，不得进行露天攀登与悬空高处作业。暴风雪及台风暴雨后，应对高处作业安全设施进行检查，当发现有松动、变形、损坏或脱落等现象时，应立即修理完善，维修合格后再使用。

需要临时拆除或变动安全防护设施时，应采取能代替原防护设施的可靠措施，作业后应立即恢复。

安全防护设施验收资料应包括下列主要内容：

（1）施工组织设计中的安全技术措施或专项方案；

（2）安全防护用品用具产品合格证明；

（3）安全防护设施验收记录；

（4）预埋件隐蔽验收记录；

（5）安全防护设施变更记录及签证。

安全防护设施验收应包括下列主要内容：

（1）防护栏杆立杆、横杆及挡脚板的设置、固定及其连接方式；

（2）攀登与悬空作业时的上下通道、防护栏杆等各类设施的搭设；

（3）操作平台及平台防护设施的搭设；

（4）防护棚的搭设；

（5）安全网的设置情况；

（6）安全防护设施构件、设备的性能与质量；

（7）防火设施的配备；

（8）各类设施所用的材料、配件的规格及材质；

（9）设施的节点构造及其与建筑物的固定情况，扣件和连接件的紧固程度。

安全防护设施的验收应按类别逐项检查，验收合格后方可使用，并应作出验收记录。

各类安全防护设施，并应建立定期不定期的检查和维修保养制度，发现隐患应及时采取整改措施。

4.3.2　临边作业安全规范

坠落高度基准面2m及以上进行临边作业时，应在临空一侧设置防护栏杆，并应采用密目式安全立网或工具式栏板封闭。

分层施工的楼梯口、楼梯平台和梯段边，应安装防护栏杆；外设楼梯口、楼梯平台和梯段边还应采用密目式安全立网封闭，如图4-20～图4-22所示。

建筑物外围边沿处，应采用密目式安全立网进行全封闭，有外脚手架的工程，密目式安全立网应设置在脚手架外侧立杆上，并与脚手杆紧密连接；没有外脚手架的工程，应采用密目式安全立网将临边全封闭，如图4-23所示。

施工升降机、龙门架和井架物料提升机等各类垂直运输设备设施与建筑物间设置的通道平台两侧边，应设置防护栏杆、挡脚板，并应采用密目式安全立网或工具式栏板封闭。

图 4-20　楼梯口临边防护示意图

图 4-21　楼梯平台及梯段边临边防护示意图

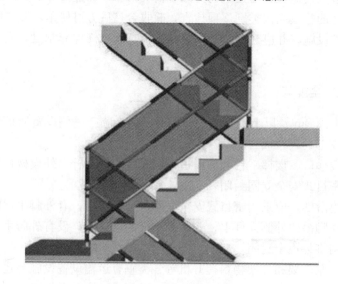

图 4-22　张挂安全网的楼梯楼和梯段边示意图

图 4-23　外脚手架立面防护示意图

各类垂直运输接料平台口应设置高度不低于 1.80m 的楼层防护门，并应设置防外开装置；多笼井架物料提升机通道中间，应分别设置隔离设施。

在有可能人员或者物体掉落的建造或者拆除工作时，所有结构必须有效地物理隔离保护：有足够的高度和强度，防止人或材料掉落，或者被吹到边缘。

4.3.3　洞口作业安全规范

在设计风险审核阶段，必须对孔洞、楼梯间及竖井的数量和规模尺寸进行审查，尽可能地简化，并且必须考虑减少风险的方法，如采用预制的方法。

所有的电梯井/竖井施工，必须采用既可以保护施工人员，又可以保护稍后从事电梯安装的工作人员的安全的方式进行。必须为所有在电梯井/竖井内工作的人员，提供安全的作业平台。

为防止人员未经许可，擅自进入电梯井，或防止人员或材料从电梯井内坠落的风险，必须对电梯井开口进行防护，防护措施必须采用牢固的、全高的系统进行全面保护，如图 4-24 所示。

图 4-24　电梯井口的防护
注：电梯井的入口用直到顶部可防止擅闯/可上锁的大门保护，并且附有明显的危害警告标示。

所有地板上的孔洞必须有结实的覆盖防止人员或材料掉落，并加以固定（用螺丝钉或螺栓固定，而不是使用钉子）。覆盖的结构应使它们不存在绊倒危险，而且在盖板上必须清晰地标记（如："下有孔洞，请勿移开"），以防止人员或材料从中坠落。盖板应当放置合理，不产生绊跌的危险，如图 4-25 所示。

图 4-25　孔洞盖板示意图

只有该工作实际上发生在孔洞中或其周围，且已经采取了有效的安全措施，来防止施工人员坠落时，才能拆除孔洞保护措施，如图 4-26 所示。该保护措施必须尽可能快地恢复好，并要定期检查。

图 4-26　洞口防护

4.3.4　攀登作业安全规范

攀登作业所用设施和用具的结构构造应牢固可靠；作用在踏步上的荷载在踏板上的荷载不应大于 1.1kN，当梯面上有特殊作业，重量超过上述荷载时，应按实际情况验算。

便携式梯子宜采用金属材料或木材制作，并应符合现行国家标准《便携式金属梯安全要求》GB 12142 和《便携式木梯安全要求》GB 7059 要求。

单梯不得垫高使用，使用时应与水平面成 75°夹角，踏步不得缺失，其间距宜为

300mm，如图 4-27 所示。

折梯张开到工作位置的倾角应符合现行国家标准《便携式金属梯安全要求》GB 12142 和《便携式木梯安全要求》GB 7059 的有关规定，并应有整体的金属撑杆或可靠的锁定装置。

当安装钢柱或钢结构时，应使用梯子或其他登高设施。当钢柱或钢结构接高时，应设置操作平台。当无电焊防风要求时，操作平台的防护栏杆高度不应小于 1.2m；有电焊防风要求时，操作平台的防护栏杆高度不应小于 1.8m。

当安装三角形屋架时，应在屋脊处设置上下的扶梯；当安装梯形屋架时，应在两端设置上下的扶梯。

扶梯的踏步间距不应大于 400mm。屋架弦杆安装时搭设的操作平台，应设置防护栏杆或用于作业人员拴挂安全带的安全绳。

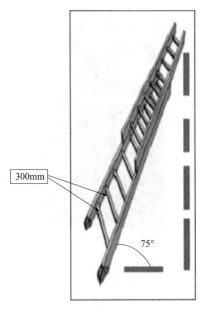

图 4-27　单梯摆放示意图

深基坑施工，应设置扶梯、入坑踏步及专用载人设备或斜道等，采用斜道时，应加设间距不大于 400mm 的防滑条等防滑措施。严禁沿坑壁、支撑或乘运土工具上下。

使用梯子进行攀登作业时，需注意以下几点：

（1）梯子的主要功能是用于安全进出、不得将其用作工作平台，也不得将梯子用作作业支架，不得在脚手架或高处作业平台上使用梯子。

（2）梯子尺寸及结构应适当并符合拟定用途，现场不得使用家用或竹制梯子。在使用前每月对梯子进行检查、标记（或设置颜色代码）。

（3）应将梯子放置在牢固的底座上，顶部及底部梯台上不得放置任何材料或杂物，人员、工具及材料组合重量不得超过梯子的承载能力。

（4）如果未将梯子固定或采用其他防护方式，不得将梯子放置在可朝梯子开启的门前方；如果未采取围护或防护措施，不得在车辆行驶路线或人员出口道路上使用梯子。

（5）不得两人同时在梯子上作业；上下梯子时，工人必须面向梯子，且不得手持器物，必须与梯子保持三点接触。必须利用绳子将材料自某一高度送到另一高度，工具应系在腰间，或者是用手绳上下传递。

（6）在通道处使用梯子作业时，应有专人监护或设置围栏。

（7）进行电工作业或在裸露的电路附近作业时，不得使用金属梯子。

使用脚手架进行攀登作业时，需注意以下几点：

（1）安装或拆卸之前，脚手架工作许可证应放置在保护夹层内，且摆放在工作现场的显著位置处。脚手架使用前应由合格人员标记并签名。

（2）以下脚手架标签应张贴在现场所有脚手架入口处，并要实行脚手架搭设验收和使用检查制度，发现问题及时处理，如图 4-28 所示。

绿色标签：此脚手架符合相关规定，可放心使用。	红色标签：警告！此脚手架尚未完成搭建，请勿使用。	黄色标签：此脚手架不符合规定，必须使用安全带/救生索。

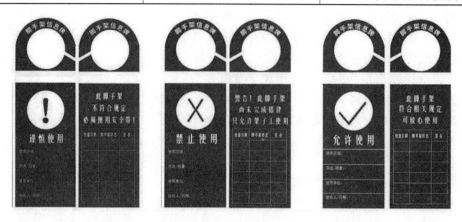

图 4-28　脚手架挂牌示意图

（3）脚手架应由合格的工人在安全人员监督下安装、改装或拆卸，在脚手架安装及/或拆卸过程中，应采用防坠落保护措施，如图 4-29 所示。不允许采用竹子作为脚手架任何附件、构件。

图 4-29　脚手架安全

（4）要按规定搭设脚手架、铺平脚手板，不准有探头板，要绑扎牢固防护栏杆，挂好安全网，脚手架离墙面过宽应加设安全防护。

（5）脚手架应竖直并采用牢固的刚性支撑，以防摇晃并发生位移，脚手架支脚或锚固件应结实、牢固并能支撑最大拟用载荷，而且不会发生沉降或位移。

（6）脚手架应设置安全入口，不得将脚手架交叉撑条用作护栏，不得通过脚手架框架或撑条进入脚手架。

（7）脚手架底座的所有侧均应设置安全作业区，安全作业区为脚手架及相关施工作业点 3m 范围。

（8）脚手架作业面应用批准的脚手架专用木跳板（厚度不小于 50mm）或钢质脚手架跳板进行满铺，脚手架钢管宜采用 ϕ48.3×3.6mm 钢管。

（9）受损或不牢固的脚手架构件应立即修理及/或更换，如图4-30所示。

（10）当高处作业高于4m且脚手架无法搭设，或高于6m高处作业时，必须需配备高空作业车以备救援。

（11）作业平台（移动脚手架）应放置在平整、坚固的表面上，而且所有轮子应在不移动时进行锁定，在使用过程中不得移动。

图4-30　脚手架安全

4.3.5　悬空作业安全规范

悬空作业应设有牢固的立足点，并应配置登高和防坠落的设施。

构件吊装和管道安装时的悬空作业应符合下列规定：

（1）钢结构吊装，构件宜在地面组装，安全设施应一并设置。吊装时，应在作业层下方设置一道水平安全网；

（2）吊装钢筋混凝土屋架、梁、柱等大型构件前，应在构件上预先设置登高通道、操作立足点等安全设施；

（3）在高空安装大模板、吊装第一块预制构件或单独的大中型预制构件时，应站在作业平台上操作；

（4）当吊装作业利用吊车梁等构件作为水平通道时，临空面的一侧应设置连续的栏杆等防护措施。当采用钢索做安全绳时，钢索的一端应采用花篮螺栓收紧；当采用钢丝绳做安全绳时，绳的自然下垂度不应大于绳长的1/20，并应控制在100mm以内；

（5）钢结构安装施工宜在施工层搭设水平通道，水平通道两侧应设置防护栏杆，当利用钢梁作为水平通道时，应在钢梁一侧设置连续的安全绳，安全绳宜采用钢丝绳；

（6）钢结构、管道等安装施工的安全防护设施宜采用标准化、定型化产品。

严禁在未固定、无防护的构件及安装中的管道上作业或通行。

模板支撑体系搭设和拆卸时的悬空作业，应符合下列规定：

（1）模板支撑应按规定的程序进行，不得在连接件和支撑件上攀登上下，不得在上下同一垂直面上装拆模板；

（2）在2m以上高处搭设与拆除柱模板及悬挑式模板时，应设置操作平台；

（3）在进行高处拆模作业时应配置登高用具或搭设支架。

绑扎钢筋和预应力张拉时的悬空作业应符合下列规定：

（1）绑扎立柱和墙体钢筋，不得站在钢筋骨架上或攀登骨架；

（2）在2m以上的高处绑扎柱钢筋时，应搭设操作平台；

（3）在高处进行预应力张拉时，应搭设有防护挡板的操作平台。

混凝土浇筑与结构施工时的悬空作业应符合下列规定：

（1）浇筑高度2m以上的混凝土结构构件时，应设置脚手架或操作平台；

（2）悬挑的混凝土梁、檐、外墙和边柱等结构施工时，应搭设脚手架或操作平台，并应设置防护栏杆，采用密目式安全立网封闭。

屋面作业时应符合下列规定：

（1）在坡度大于1：2.2的屋面上作业，当无外脚手架时，应在屋檐边设置不低于1.5m高的防护栏杆，并应采用密目式安全立网全封闭；

（2）在轻质型材等屋面上作业，应搭设临时走道板，不得在轻质型材上行走；安装压型板前，应采取在梁下支设安全平网或搭设脚手架等安全防护措施。

外墙作业时应符合下列规定：

（1）门窗作业时，应有防坠落措施，操作人员在无安全防护措施情况下，不得站立在楹子、阳台栏板上作业；

（2）高处安装，不得使用座板式单人吊具。

进行悬空作业时，需注意以下几点：

（1）悬空作业所用的索具、吊篮、吊笼、平台设施，均需经过技术鉴定或检证方可使用。

（2）悬空作业处应有牢靠的立足处，操作人员要加倍小心，避免用力过猛，身体失稳。

（3）悬空高处作业人员必须穿软底防滑鞋，同时要正确佩戴安全帽和安全带。

（4）使用吊篮架子和挂架子时，其吊索具必须牢靠。

（5）吊篮架子在使用时，还要挂好保险绳或安全卡具；吊篮架子与挂架子的两侧面和外侧均要用网封严。

（6）升降吊篮时，保险绳要随升降调整，不得摘除。

（7）吊篮顶要设头网或护头棚，吊篮里侧要绑一道护身栏，并设挡脚板。

（8）提升桥式架、吊篮用的倒链和手扳葫芦必须经过技术部门检定合格后方可使用，另外使用插口架、吊篮和桥式架子时，严禁超负荷。

（9）吊篮内应2人同时作业，操作人员应当配备独立于悬吊平台的安全绳及安全带或其他安全装置，安全带与安全绳应通过锁绳器连接。

（10）安全绳应当固定于有足够强度的建筑物结构上，严禁安全绳接长使用，严禁将安全绳、安全带直接固定在吊篮结构上。

4.3.6 操作平台安全规范

1. 一般规定

操作平台的架体应采用钢管、型钢等组装，并应符合现行国家标准《钢结构设计规范》GB 50017 及相关脚手架行业标准规定。平台面铺设的钢、木或竹胶合板等材质的脚手板，应符合强度要求，并应平整满铺及可靠固定。

操作平台的临边应按防护栏杆的构造规定设置防护栏杆，单独设置的操作平台应设置供人上下、踏步间距不大于 400mm 的扶梯。

操作平台投入使用时，应在平台的内侧设置标明允许负载值的限载牌，物料应及时转运，不得超重与超高堆放。

2. 落地式操作平台

落地式操作平台的架体构造应符合下列规定：

（1）落地式操作平台的面积不应超过 10m²，高度不应超过 15m，高宽比不应大于2.5∶1；

（2）施工平台的施工荷载不应超过 2.0kN/m²，接料平台的施工荷载不应超过 3.0kN/m²；

（3）落地式操作平台应独立设置，并应与建筑物进行刚性连接，不得与脚手架连接；

（4）用脚手架搭设落地式操作平台时其结构构造应符合相关脚手架规范的规定，在立杆下部设置底座或垫板、纵向与横向扫地杆，在外立面设置剪刀撑或斜撑；

（5）落地式操作平台应从底层第一步水平杆起逐层设置连墙件且间隔不应大于 4m，同时应设置水平剪刀撑。连墙件应采用可承受拉力和压力的构造，并应与建筑结构可靠连接，如图 4-31 所示。

图 4-31 落地式操作平台示意图

落地式操作平台的搭设材料及搭设技术要求、允许偏差应符合相关脚手架规范的规定。

落地式操作平台应按相关脚手架规范的规定计算受弯构件强度、连接扣件抗滑承载力、立杆稳定性、连墙杆件强度与稳定性及连接强度、立杆地基承载力等。

落地式操作平台一次搭设高度不应超过相邻连墙件以上两步。

落地式操作平台的拆除应由上而下逐层进行,严禁上下同时作业,连墙件应随工程施工进度逐层拆除。

落地式操作平台应符合有关脚手架规范的规定,检查与验收应符合下列规定:

(1) 搭设操作平台的钢管和扣件应有产品合格证;

(2) 搭设前应对基础进行检查验收,搭设中应随施工进度按结构层对操作平台进行检查验收;

(3) 遇 6 级以上大风、雷雨、大雪等恶劣天气及停用超过一个月恢复,使用前应进行检查;

(4) 操作平台使用中,应定期进行检查。

3. 悬挑式操作平台

悬挑式操作平台的设置应符合下列规定:

(1) 悬挑式操作平台的搁置点、拉结点、支撑点应设置在主体结构上,且应可靠连接;

(2) 未经专项设计的临时设施上,不得设置悬挑式操作平台;

(3) 悬挑式操作平台的结构应稳定、可靠,且其承载力应符合使用要求。

悬挑式操作平台的悬挑长度不宜大于 5m,承载力需经设计验收。

采用斜拉方式的悬挑式操作平台应在平台两边各设置前后两道斜拉钢丝绳,每一道均应作单独受力计算和设置。

采用支承方式的悬挑式操作平台,应在钢平台的下方设置不少于两道的斜撑,斜撑的一端应支承在钢平台主结构钢梁下,另一端支承在建筑物主体结构。

采用悬臂梁式的操作平台,应采用型钢制作悬挑梁或悬挑桁架,不得使用钢管。其节点应是螺栓或焊接的刚性节点,不得采用扣件连接。

当平台板上的主梁采用与主体结构预埋件焊接时,预埋件、焊缝均应经设计计算,建筑主体结构需同时满足强度要求。

悬挑式操作平台安装吊运时应使用起重吊环,与建筑物连接固定时应使用承载吊环。

当悬挑式操作平台安装时,钢丝绳应采用专用的卡环连接,钢丝绳卡数量应与钢丝绳直径相匹配,而且不得少于 4 个。钢丝绳卡的连接方法应满足规范要求。建筑物锐角利口周围系钢丝绳处应加衬软垫物。

悬挑式操作平台的外侧应略高于内侧;外侧应安装固定的防护栏杆并应设置防护挡板完全封闭。

不得在悬挑式操作平台吊运、安装时上人。

悬挑式操作平台图 4-32 所示。

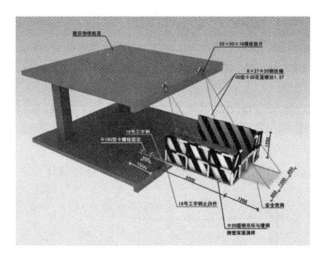

图 4-32 悬挑式操作平台示意图

4.3.7 交叉作业安全规范

施工现场立体交叉作业时，下层作业的位置，应处于坠落半径之外，坠落半径见表4-1的规定，模板、脚手架等拆除作业应适当增大坠落半径。当达不到规定时，应设置安全防护棚，下方应设置警戒隔离区。

坠落半径（m）　　　　　　　　　　　　　　　　　　　　　　表 4-1

序号	上层高度作业	坠落半径
1	$2 \leqslant h < 5$	3
2	$5 \leqslant h < 15$	4
3	$15 \leqslant h < 30$	5
4	$h \geqslant 30$	6

施工现场人员进出的通道口应搭设防护棚，如图4-33所示。

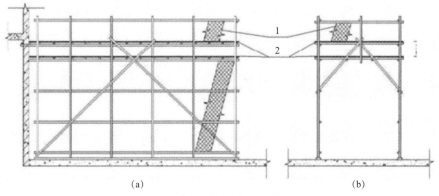

图 4-33　通道口防护示意图（单位：mm）

（a）侧立面图；（b）正立面图

1-密目网；2-竹笆或木板

处于起重设备的起重机臂回转范围之内的通道，顶部应搭设防护棚。

操作平台内侧通道的上下方应设置阻挡物体坠落的隔离防护措施。

防护棚的顶棚使用竹笆或胶合板搭设时，应采用双层搭设，间距不应小于700mm；当使用木板时，可采用单层搭设，木板厚度不应小于50mm，或可采用与木板等强度的其他材料搭设。防护棚的长度应根据建筑物高度与可能坠落半径确定。

当建筑物高度大于24m，并采用木板搭设时，应搭设双层防护棚，两层防护棚的间距不应小于700mm。

防护棚的架体构造，如图4-34所示，搭设与材质应符合设计要求。

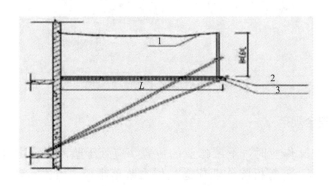

图4-34　悬挑式防护棚示意图（单位：mm）

1-安全平网；2-不小于50mm厚的木板；3-型钢（间距不大于1.5m）

悬挑式防护棚悬挑杆的一端应与建筑物结构可靠连接，并应符合悬挑式操作平台的规定。

不得在防护棚棚顶堆放物料。

施工中应尽量减少立体交叉作业，一旦进行交叉作业时，应注意以下几点：

（1）必须交叉时，施工负责人应事先组织交叉作业各方，商定各方的施工范围及安全注意事项；各工序应密切配合，施工场地尽量错开，以减少干扰；无法错开的垂直交叉作业，层间必须搭设严密、牢固的防护隔离设施。

（2）交叉作业场所的通道应保持畅通；有危险的出入口处应设围栏或悬挂警告牌；当交叉作业过程中出现模板拆除、脚手架拆除等作业时，也要对危险作业范围牵拉警戒线、立警示标志标牌，防止非作业人员进入现场。

（3）在垂直运输坠落物半径内，必须画出人员行走专门路线，做好隔离棚，无隔离措施时，不得在同一垂直面内上下交叉作业，必须临时画出禁界，由专人监护。

（4）交叉作业时，工具、材料、边角余料等严禁上下投掷，应用工具袋、箩筐或吊笼等吊运，严禁在吊物下方接料或逗留；各交叉作业层的作业人员必须戴好安全帽，扣紧帽绳，存在高处坠落危险的人员应系好安全带。

（5）作业过程中，各层间出现上下交叉作业时，不能在同一垂直方向上进行操作，下层的作业位置必须在上层高度可能坠落的范围半径之外。

（6）当下层作业位置在上层高度可能坠落的范围半径之内时，则应在上下作业层之间设置隔离层，隔离层应采用木脚手板或其他坚固材料搭设，必须保证上层作业面坠落的物体不能击穿此隔离层，隔离层的搭设、支护应牢靠，在外力突然作用时不至于垮塌，且其高度不影响下层作业的高度范围。

（7）上层作业时，不能随意向下方丢弃杂物、构件，应在集中的地方堆放杂物，并及时清运处理，作业人员应随身携带物料袋或塑料小胶桶，以便零散物件随身带走。

（8）上层有起重作业时，起吊物件必须绑扎固定，必要时以绳索予以固定牵引，防止随风摇摆，碰撞其他固定构件，严格遵守起重作业操作规程，起重物件严禁越过下层作业人员头顶。

4.3.8 建筑施工安全网规范

1. 一般规定

建筑施工安全网的选用应符合下列规定：

（1）安全网的材质、规格、要求及其物理性能、耐火性、阻燃性应满足现行国家标准《安全网》GB 5725 的规定；

（2）密目式安全立网的网目密度应为 $10cm \times 10cm = 100cm^2$，面积上大于或等于 2000 目。

当需采用平网进行防护时，严禁使用密目式安全立网代替平网使用。

施工现场在使用密目式安全立网前，应检查产品分类标记、产品合格证、网目数及网体重量，确认合格方可使用。

2. 搭设

安全网搭设应牢固、严密，完整有效，易于拆卸。安全网的支撑架应具有足够的强度和稳定性。

密目式安全立网时搭设每个开眼环扣应穿入系绳，系绳应绑扎在支撑架上，间距不得大于 450mm。相邻密目网间应紧密结合或重叠，如图 4-35 所示。

图 4-35　安全网示例

当立网用于龙门架、物料提升架及井架的封闭防护时，四周边绳应与支撑架贴紧，边绳的断裂张力不得小于 3kN，系绳应绑在支撑架上，间距不得大于 750mm。

用于电梯井、钢结构和框架结构及构筑物封闭防护的平网应符合下列规定：

（1）平网每个系结点上的边绳应与支撑架靠紧，边绳的断裂张力不得小于 7kN，系绳沿网边均匀分布，间距不得大于 750mm；

（2）钢结构厂房和框架结构及构筑物在作业层下部应搭设平网，落地式支撑架应采用脚手钢管，悬挑式平网支撑架应采用直径不小于 9.3mm 的钢丝绳；

（3）电梯井内平网网体与井壁的空隙不得大于 25mm。安全网拉结应牢固。

4.4 事故案例

4.4.1 临边洞口作业事故案例

1. 案例简介

2013 年，某劳务公司砌筑班组 3 名工人在某回迁房项目 35 号楼三层 6 轴北侧楼梯旁通风管道预留口南侧进行二次结构隔断墙砌筑。其中，两名工人在砌筑的隔断墙内侧砌筑墙体，另一名工人在砌筑隔断墙外侧递送材料。约 8 时 45 分，正在砌筑隔断墙外侧递送材料的工人不慎从未采取任何防护措施的通风预留口处坠落，击穿二层通风预留口的木盖板，坠落至一层地面，坠落高度约 8.7m。现场人员立即拨打了 120 急救电话和 110 报警电话。经 120 急救人员现场确认该工人已死亡，如图 4-36 所示。

图 4-36　事故现场图

2. 原因分析

在砌筑隔断墙外侧递送材料的工人安全意识淡薄，忽视作业场所存在的危险，在北侧楼梯旁未采取任何安全防护的通风管道预留口周边作业，不慎从通风管道预留口坠落。

未对通风管道预留口采取任何安全防护措施，没有设置临边防护和警示标志，也没有指定专人进行安全监护。

4.4.2 攀登悬空作业事故案例

1. 案例简介

10 月 9 日起，北京市出现大风天气，区住房和城乡建设委员会连续 3 天向各施工单位发布了大风蓝色预警信息，要求："请各单位做好相关工作，在大风天气下按规定停止起重作业、高空作业和明火作业等，加强防火意识和巡查，强化建筑施工工地安全及扬尘治理工作，加强值守应急和信息报告，随时做好应急准备，确保安全。"

10月9日~10月11日，项目部在工作例会中传达了区住房和城乡建设委员会的通知精神，要求各参建单位要在大风天气下停止起重作业、高空作业和明火作业。并下达了工作联系单：要求在大风期间暂停吊篮作业，并将所有吊篮降至地面停放牢固。

10月6日起，作业人员开始在11号楼南面外墙独自一人在吊篮内进行外墙保温施工作业。

10月11日早8时许，作业人员继续独自一人上吊篮进行11号楼南墙的外保温施工。至13时许，作业人员在进行11号楼15层南墙外保温板打孔固定时不慎从吊篮内翻出，其所系的安全带断裂，从15层坠落至地面，现场人员立即拨打120，送至区医院后，经抢救无效死亡，如图4-37所示。

图4-37　事故现场图

2. 原因分析

（1）大风天气下违章高空作业是造成事故发生的直接原因之一。据监测数据显示事发项目施工工地出现大风天气，11日12时15分该地区的极大风速为13.1m/s（6级）。

（2）作业人员长期一人在吊篮内从事高空作业，违反了"吊篮内必须2人同时作业，操作人员应佩戴好安全带，安全带与安全绳通过锁绳器连接"的规定，是造成事故发生的重要原因。

（3）安全带质量不合格。安全带发生断裂部位为安全绳绳头编花处，主要原因为产品使用时间过长，各零部件强度下降情况严重，产品质量不符合标《安全带》GB 6095—2009标准要求，且没及时更换，不能承受坠落时所产生的冲击力。

4.4.3　操作平台事故案例

1. 案例简介

2011年某工地发生一起较大高处坠落事故，造成4人死亡，直接经济损失372万元。

2011年8月10日下午，工地八楼，木工班组共九人正在进行木工材料转移作业。其中五人负责将八楼已拆卸下来的门字架等木工材料搬到八楼的悬挑式物料平台上（该悬挑式物料平台于 8 月 9 日搭建，未经过检验合格就直接投入使用），四人负责该平台上把木工材料堆码好，然后由吊机把堆码好的木工材料从八楼吊上十楼。18 时许，四人正在平台上进行木工材料堆码作业时，由于该平台斜拉钢丝绳未按规定锚固，而是直接拉在九楼外脚手架预埋拉结连墙杆上面，同时伸入楼层悬挑梁锚固也不符合要求，在工作过程中，九楼其中一条外脚手架预埋拉结连墙杆受力弯曲，斜拉钢丝绳脱落，造成平台侧翻。正在平台上作业的四人从八楼平台坠落地下室底板上，经送医院抢救无效死亡，如图 4-38 所示。

图 4-38　事故现场图

2. 原因分析

悬挑式物料平台拉索（斜拉钢丝绳）只是简单地套在九楼的外脚手架拉结连墙杆预埋钢管上，没有按规定进行锚固。

悬挑式物料平台悬挑梁锚固不符合要求。

施工现场安全管理混乱，设备设施不按规定经核验合格后投入使用，安全检查流于形式。

4.4.4　大型机械坠落事故案例

1. 案例简介

2011 年 9 月 20 日 17 点 30 分，位于惠州大亚湾经济技术开发区（以下简称大亚湾区）亚迪二村 A 区 7 号楼塔吊在顶升作业时，塔吊起重机部分发生坍塌，事故共造成 4 人死亡，直接经济损失约 355 万元。

2011 年 9 月 19 日，机电工长电话通知工程部主管，要求 20 日派人到亚迪二村 A 区 7 号楼做塔吊顶升。20 日上午，该主管按通知要求派了 4 名安装拆卸工对 7 号楼塔吊顶升作业。考虑到上午风大，没有允许员工对塔吊进行顶升作业。下午，在公司没有派工计划的情况下，主管带领塔吊司机、安装工进入亚迪二村 7 号楼准备实施塔吊顶升作业，后被发现并要求做安全技术交底后才能进行顶升作业。同时，主管通知安全员来现场拍照，做安全技术交底工作。当时由于司机要进行物料机的吊装工作，提前上了驾驶室。16时30分许，吊装作业和顶升作业区域清场工作基本完成，开始对塔机进行顶升作业。17时30分许，在海边瞬时强阵风作用下，使正在顶升的塔吊上部起重机部分失去平衡倾斜坍塌，致使上部起重机部分（塔吊总高度89.8m）及4名作业人员从高处坠落，起重机部分在离塔身西侧偏北7m处着地，平衡臂尾部砸穿地下室楼面。

图 4-39　事故现场图

2. 原因分析

施工公司违反《塔式起重机安全规程》GB 5144—2006 第 6 条第 7 款的强制性规定，在塔式起重机上没有安装风速仪，使塔吊不具备《使用说明书》中明确的"风速在 4 级以上时，必须停止顶升工作"的警报功能，致使安装拆卸工袁某等 4 人在风速超过 4 级时，仍然违章指挥，冒险作业，造成塔式起重机失衡并倾斜坍塌，直接导致 4 名作业人员高处坠落死亡。

4.4.5　事故原因总结及预防要点

1. 事故原因总结

通过对上述高处坠落事故案例分析，导致高处坠落事故的直接原因有安全防护的缺失及违规作业、违章操作、违章指挥。

施工现场安全防护缺失主要表现在：临边洞口安全防护不到位、悬挑式物料平台悬挑梁锚固不符合要求、安全带质量不合格以及恶劣天气下作业等。

施工现场安全防护缺失具体表现为：

（1）人的不安全防护

1）在洞口、临边作业时因踩空、踩滑而坠落；在转移作业地点时没有及时系好安全带或安全带系挂不牢。

2）操作时弯腰、转身不慎碰撞杆件等，使身体失去平衡。

3）注意力不集中，主要表现为作业或行动前不注意观察周围的环境是否安全而轻率行动；延迟每天工作时间使得工人过度疲劳，易导致注意力不集中。

4）操作人员安全意识淡薄，在思想上不重视安全问题，作业人员存在侥幸心理，如操作人员翻爬脚手架进入或退出作业面等。

5）未正确使用安全防护用品和穿高跟、易滑鞋高处作业。

（2）安全防护设施的缺陷

1）劳动防护用品缺陷，主要表现为高处作业人员的安全帽、安全带、安全绳、防滑鞋等用品因内在缺陷而破损、断裂、失去防滑功能等引起的高处坠落事故。

2）使用未取得建筑安全生产监督部门颁发准用证的安全网或安全网的规格、材质不符合要求；安全网封闭不严密。

3）脚手架的强度、刚度和稳定性不足，脚手架架体使用的材料和搭设不符合要求。

4）作业层未满铺脚手板或存在探头板，施工脚手板因强度不够而弯曲变形、折断。

5）未按要求设置随层和固定兜网，脚手架架体未按要求用密目网封闭，兜网和密目网的质量不合格。

6）材料堆放过多造成脚手架超载断裂。

7）吊篮脚手架钢丝绳因摩擦、锈蚀而破断导致吊篮倾斜、坠落。

8）整体提升脚手架、施工电梯等设施设备的防坠装置失灵而导致脚手架、施工电梯坠落。

9）梯子的质量不符合要求或稳固措施不当。

10）用作防护栏杆的钢管、扣件等材料，因壁厚不足、腐蚀、扣件不合格而折断、变形失去防护作用或防护栏杆的缺失。

违规作业、违章操作、违章指挥具体表现为：

1）指派无登高架设作业操作资格的人员从事登高架设作业。

2）操作人员没有经过必要的岗前培训就上岗，或某些特殊工种要求具有上岗证才能上岗，但操作人员却违反规定无证上岗；操作人员在了解《建筑施工高处作业安全技术规范》与《建筑安装工人安全操作规程》的前提下，违反有关规定作业而导致的安全事故。

3）未经现场安全人员同意擅自拆除安全防护设施；拆除脚手架、井字架、塔吊或模板支撑系统时无专人监护且未按规定设置可够的防护措施。

4）不按规定的通道上下进入作业面，而是随意攀爬阳台、吊车臂架等非规定通道。

5）高处作业时不按劳动纪律规定穿戴好个人劳动防护用品（安全帽、安全带、防滑鞋）等。

2. 预防要点

（1）对新进场作业工人必须进行上岗前的三级安全教育（公司、项目部、班组），变换工种时也要进行安全教育，要使工人掌握"不伤害自己，不伤害别人，不被别人伤害"的能力。

（2）特种作业人员必须经过专业培训及专业培训考试合格，并取得岗位证书方可持证上岗。特种作业人员应登记造册，并定期参加年检，由专人管理。

（3）尽量减少高处作业，从施工组织与管理上采取措施，变高处作业为平地作业。例如吊装的构件、模板等尽量组合成大件，相关的附件、配件尽可能在地面上安装连接牢固。

（4）编制安全施工组织设计，做好安全技术交底。应结合施工组织设计，根据建筑工程特点编制安全施工组织设计、预防高处坠落事故的专项施工方案。高处作业前应依据有关规定进行专门的逐级安全技术交底，交底内容有作业防护措施、操作注意事项、禁止规定等。

（5）加强对设备设施的检查，制定安全检查制度，实行全日巡查制度，对特殊高处作业应实行跟踪检查或旁站监督，并认真记录施工安全日记。对进行高处作业的设备设施及规范和标准的落实情况进行检查，对检查中发现的安全隐患要及时进行整改，实行安全隐患整改、反馈、复查责任制度，形成安全检查的封闭环。

5 建筑施工机械作业体验培训

近年来随着建设用地资源的稀缺以及框架结构、框剪结构等工程施工技术不断进步，超高层、高层、小高层结构越来越受到建筑市场的青睐，作为现场施工作业必不可少的运输设备，建筑施工机械设备得到了越来越广泛的应用。但是，基于人的不安全行为、机械设备的不安全状况、安装使用操作的不安全技术、运行环境的不安全特性等等诸多方面的原因，机械伤害事故也逐年增加，而且，建筑起重机械伤害事故已位居较大类型事故中的前列，应引起广大施工作业人员的高度重视。

5.1 建筑施工机械介绍

5.1.1 建筑施工机械类型

建筑施工机械是指用于工程建设的机械的总称。在选择施工方法时，必然涉及施工机械的选择。选择不同的施工机械直接影响工程项目的施工进度、施工质量、施工安全以及工程成本。建筑工程施工机械根据不同分部工程的用途，可分为基础工程机械、土方机械、钢筋混凝土施工机械、起重机械、装饰工程机械。各种工程机械又有其不同的组成。

1. 基础工程机械

桩是一种人工基础，也是工程中最常见的一种基础形式，桩土机械是主要的基础工程机，机械如图 5-1。根据桩的施工工艺不同，分为预制桩施工机械和灌注桩施工机械。

图 5-1 基础工程机械

2. 土方机械

土方机械是土方工程机械化施工所有机械和设备的统称，用于土壤铲掘、短距离运送、堆筑填铺、压实和平整等作业。根据其作业性质，分为准备作业机械、铲土运输机械、挖掘机械。

3. 钢筋混凝土施工机械

在现代建筑工程中，广泛采用钢筋混凝土结构。钢筋混凝土施工的两类专用机械是混凝土机械和钢筋加工机械。随着建筑施工机械化程度的提高，钢筋混凝土施工机械在品种、规格、型号等方面均有很多的种类。

4. 起重机械

起重机械是一种间歇吊升并短距离运送器物的机械，是现代生产部门中应用极为广泛的设备，如图 5-2。它主要用于建筑构件、建筑材料和设备的吊升、安装、报送和装卸作业。由于使用要求和工作条件的不同，起重机有许多类型，通常特殊结构机械分为三类：简单式起重机、转臂式起重机和桥式起重机。

图 5-2 起重机械

5. 装饰工程机械

装饰工程机械是当房屋或建筑物主体结构完成以后，用来进行室内外装饰工程的机械。由于装饰工程品目繁多，所以装饰机械的种类也很多，主要有灰浆机械、喷涂机械、地坪机械、油漆机械、木工机械，以及各种手持机动工具等，如图 5-3。

图 5-3 手持电动工具

5.1.2 建筑施工机械特点

根据施工现场实际情况，各工种均涉及机械的使用。建筑机械伤害事故同样可能在建筑施工全过程中发生，由于建筑施工与一般的工厂机械作业有许多不同，因此分析它与工厂内的机械设备的不同，有利于更好地分析建筑机械伤害事故，与工厂内的机械设备相比，它的不同主要有以下几个方面：

（1）使用的环境条件不同。建筑起重机械塔吊等长期露天工作，经受风吹雨打和日晒。恶劣的环境条件对机械的使用寿命、工作可靠性和安全性都有非常不利的影响。

（2）作业对象不同。建筑起重机械的作业对象以砂、石、土、混凝土、砂浆、钢筋、钢管及其他建筑材料为主。工作时受力复杂，载荷变化大，腐蚀大，磨损严重。如起重机钢丝绳容易磨损断裂，土方机械工作装置容易磨损破坏等。

（3）作业地点和操作人员不同。工厂内机床设备相对固定，能保证专人专机操作。而施工机械场地和操作人员的流动性都比较大，由此引起的安装质量、维修质量、操作水平变化也比较大，直接影响使用的安全性。

正是由于建筑机械具有以上的使用特点，致使其使用的安全性比厂内设备差得多，发生伤害的概率自然也就高得多。

5.2 建筑施工机械作业体验

5.2.1 吊装作业体验

模拟施工现场吊装作业，设置了错误吊装方式的实物模型及吊具模型，使体验者学习各类吊装相关知识。体验项目如图 5-4 所示。

图 5-4 吊装作业体验

1. 体验要求和流程

吊运作业体验区设置有模拟微型塔吊，模拟塔吊展示了真实的塔吊结构、限位器、限载器、吊笼、吊具、索具等内容。塔吊吊笼有多种错误吊装方式，分别是吊物单根绑扎不牢、吊物双根绑扎倾斜、长短料混吊、吊斗底部没有满铺等现象。

塔吊的相关体验内容通过讲师讲解正确的塔吊拆卸、使用规范及作业过程中常见的错误吊装方式像体验着对塔吊及其他起重机械的操作和注意事项有全面的了解。

2.体验知识点

（1）吊装作业三类人员必须经过培训并拥有地方机构签发的有效证书，并持证上岗（如图 5-5）；

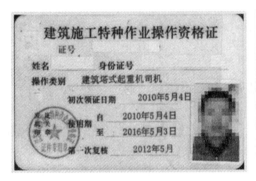

图 5-5　起重特种作业操作资格证

（2）吊装作业人员有义务拒绝执行在其看来不安全的任何吊装作业。

（3）吊装设备在作业时必须具备足够的场地，作业人员必须对工作现场周围环境、地基基础、行驶道路、架空电线、建筑物以及构件重量和分布等情况进行全面了解，确保塔吊起重臂杆起落及回转半径内无障碍物并对场地封闭禁止无关人员进入，如图 5-6。吊臂与高压电线距离要求见表 5-1。

吊臂与高压电线距离规范　　　　　　　　　　　　　表 5-1

电压（kV） 安全距离（m）	<1	10	35	110	220	330	500
沿垂直方向	1.5	3	4	5	6	7	8.5
沿水平方向	1.5	2	3.5	4	6	7	8.5

图 5-6　吊装区域隔离

（4）吊装与吊篮作业前作业人员必须对所有的连接部位、紧固件、钢丝绳以及任何其他松动部件进行检查，确保设备无故障，安全设施可以正常运行。

（5）信号员要站在起重机操作员容易看到的地方，主要通过对讲机与起重机操作员进行沟通。

（6）只允许有一名信号工向起重机操作员传递信号，如果通信中断，应该立即停止起重机的运行，直到恢复通信。

（7）起重机操作员在进行重物提升和降落时速度要均匀，严禁忽快忽慢和突然制动。左右回转动作要平稳，当回转未停稳前不得作反向动作。非重力下降式塔吊，严禁带载自由下降。

（8）塔吊作业时，起重臂和重物下方严禁有人停留、工作或通过。重物吊运时，严禁从人上方通过。严禁用塔吊载运人员。

（9）吊装零散材料（如碎石、砖块、瓷砖、石板或其他物品）使用吊斗装载承运如图5-7，吊斗应妥善封闭防止材料意外掉落，气割、气焊作业使用气体钢瓶使用专用吊笼载运如图5-8。

图 5-7　吊斗

图 5-8　吊笼

（10）重物捆绑要注意重心位置与吊带的绑扎方式。通过在捆绑处放木板等夹层以保护物体表面或防止吊带被物体尖锐棱角损坏如图5-9、图5-10。

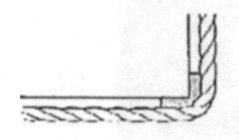

图 5-9　尖棱利角部位加垫物

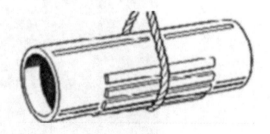

图 5-10　光滑部位加垫物

（11）将重物放在地上时，根据需要，铺垫枕木，在提升的材料确认放稳后，方可将吊装绳移开。

（12）在吊装过程中物体应通过牵引绳进行控制，作业人员不可用手直接引导。

（13）遇有六级以上大风或大雨、大雾等恶劣天气时，应停止塔吊露天作业。在大风、大雨过后应先经过试吊，确认制动器灵敏可靠后方可进行作业。

（14）作业完毕后，塔吊应停放在轨道中间位置，起重臂应转到顺风方向，并松开回转制动器，小车及平衡重应置于非工作状态，吊钩宜升到离起重臂顶端2～3m处。

（15）塔吊作业"十不吊"（如图5-11）：

1）被吊物重量超过机械性能允许范围内不准吊；

2）指挥信号不明、重量不明、光线暗淡不吊；

3）工作面站人或工作面浮放有活动物不吊；

4）埋在地下的物件不拔吊；

5）斜拉斜牵物不准吊；

6）吊索和附件捆不牢，不符合安全要求不吊；

7）行车吊挂重物直接进行加工时不吊；

8）氧气瓶、乙炔发生器等具有爆炸性物品不吊；

9）机械安全装置失灵或带病时不准吊；

10）天气恶劣，六级以上强风不准吊。

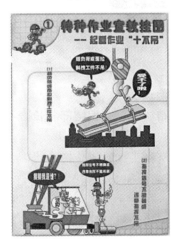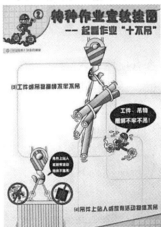
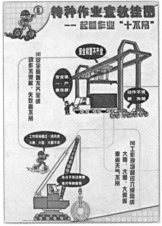

图5-11　十不吊

5.2.2 钢丝绳使用体验

1. 体验要求和流程

钢丝绳使用体验主要通过钢丝绳实物展板进行展示体验，展板中有多种类型的钢丝绳卡扣、钢丝绳绳夹的正确使用方法以及施工现场中存在常见的钢丝绳绳夹错误安装方法。通过对比展示与讲师讲解来指导工人学习钢丝绳的使用方法（如图 5-12）。

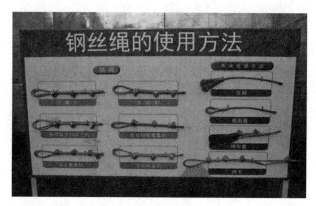

图 5-12　钢丝绳使用体验

2. 体验知识要点

（1）使用前必须检查绳索是否有损坏；

（2）钢丝绳不得有急剧的曲折、环圈、跳丝或砸扁等缺陷；

（3）钢丝绳末端结成绳套时，最少用三个卡子，若用编结法时，其编结部分长度不少于钢丝绳直径的 15 倍，但最短不少于 300mm；

（4）钢丝绳严禁用打结的方法连接，卷扬用钢丝绳不得有接头（如图 5-13）；

（5）使用中如发现出油现象（新绳例外）即表明钢丝绳变形很大，应立即停止工作，进行检查处理；

（6）吊运熔液金属（钢、铁水包）的钢丝绳，绳芯应为天然的材料（石棉或软金属制成），钢、铁水包上应安置隔热挡板，以免钢丝绳受热；

（7）用钢丝绳捆绑时，遇有尖锐棱角物件时应垫好，保持吊物平衡，炽热金属不能捆。

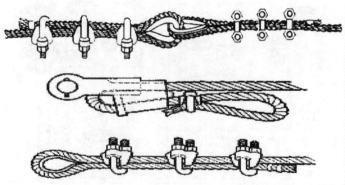

图 5-13　正确的钢丝绳接法

（8）钢丝绳的维护要注意：

1）钢丝绳应防止损伤、腐蚀，或其他物理条件、化学条件造成的性能降低。

2）钢丝绳开卷时，应防止打结或扭曲。

3）钢丝绳切断时，应有防止绳股散开的措施。

4）钢丝绳应经常保持清洁，一般每年浸油一次，油料用钢丝绳油或汽缸油等（油温不得超过80℃）。

5）安装钢丝绳时，不应在不洁净的地方拖拉，也不应绕在其他物体上，应防止划、磨、碾压和过度弯曲。

6）钢丝绳应保持良好的润滑状态，所用润滑剂应符合该绳的要求，并且不影响外观检查。润滑时应特别注意不易看到和不易接近的部位。如平衡滑轮处的钢丝绳。

7）领取钢丝绳时，必须检查该钢丝绳的合格证，以保证机械性能、规格符合设计要求。

5.2.3 机械伤害体验

项目展示了各类切割机、电动工具及标准防护罩。体验者可通过实物操作分辨正确、错误的操作方法和标准的防护措施，以减少机械伤害事故。体验项目如图5-14所示。

图5-14　机械伤害体验

1. 体验要求和流程

机械伤害体验区设置有施工现场常见的小型施工机具，并有墙壁展板展示施工机具的使用方法、常见危害及防范措施。体验过程通过讲师的讲解和操作示范来介绍小型机具的正确使用方法，安全注意事项和作业过程中常见的错误操作方式以供工人全面深入了解。

体验前必须认真检查设备的性能，确保各部件正常工作。体验者不得位于电锯后侧，体验结束后及时断开电源。

2. 体验知识点

（1）设备的操作台必须稳固，夜间作业时应有足够的照明亮度。

（2）设备机具在使用前必须认真检查设备的性能，如对电源闸刀开关、锯片的松紧度、锯片护罩或安全挡板进行详细检查，确保各部件的完好性。

（3）手持电动工具分为三类（如图 5-15）：

Ⅰ类工具为金属外壳，电源部分具有绝缘性能，适用于干燥场所；

Ⅱ类工具不仅电源部分具有绝缘性能，同时外壳也是绝缘体，即具有双重绝缘性能，工具铭牌上有"回"字标记，适用于比较潮湿的作业场所；

Ⅲ类工具由安全电压电源供电，适用于特别潮湿的作业场所和在金属容器内作业。

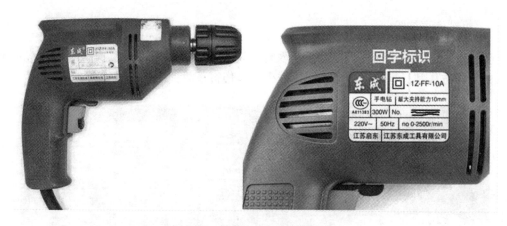

图 5-15　手持电动机具回字标识

（4）设备在使用之前，先打开总开关，空载试转几圈，待确认安全无误后才允许启动。

（5）切割锯使用时人员必须侧身站立在切割机离砂轮远的一侧，并戴好防护眼镜，不得探身越过或绕过锯机，操作时身体斜侧 45°为宜。

（6）锯件要放置平稳、夹持牢固，锯件不得超过规定范围，严禁用脚踩锯件。

（7）在切割锯启动前，不得与锯件接触，锯切时用力要均匀，不可用力过猛，锯切过程中除意外停电不得停止。

（8）锯片磨损严重及出现缺口时应立即更换切片，更换时检查中心孔是否规则，并用目测或木棒轻敲的方法检查切片有无裂痕，切片轴孔不适合，不得勉强安装，安装时法兰盘之间应放弹性垫，拧紧空转 10min 方可使用。

（9）切割工件时禁止以杠杆推压工件，严禁使用掉边切片，严禁超速使用及端面磨料。

（10）备用切片不得与铁器混放在一起，储放切片的地方要干燥，防止切片浸湿受潮。

（11）工具设备应按要求定期进行检查，发生故障或损坏，需请专业人员或送专门维修部门进行维修，不得私自将电源线延长，对于无法正常使用的应按程序及时报废。

5.3 建筑施工机械安全规范

5.3.1 塔吊安装、 拆卸及安全操作规范

塔吊的安装与拆卸是事故多发的阶段，严格遵守操作规程是避免事故发生的唯一途径。以下列举塔吊安拆与使用的相关规范内容：

（1）施工现场塔吊必须设置防护措施，防止非专业人员进入塔吊，围挡高度不得低于2.2m（如图 5-16）。

图 5-16　塔吊防爬围栏

（2）塔吊安装过程中必须具有以下可靠的安全装置（如图 5-17）：超载保护器、力矩限制器、高度限制器、行程限制器、幅度限制器、吊钩保险装置、卷筒保险等安全装置。并保持起重机上所有安全装置灵敏有效，如发现失灵的安全装置，应及时修复或更换。所有安全装置调整后，应加封（火漆或铅封）固定，严禁擅自调整。

图 5-17　起重设备安全装置

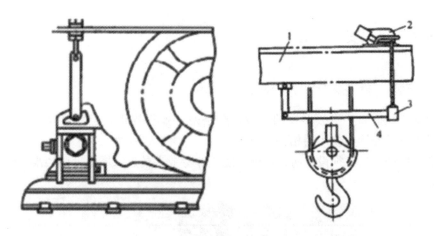

图 5-17 起重设备安全装置（续）

（3）塔吊的安装和拆除应按照出厂有关规定，编制拆装作业方法、质量要求和安全技术措施，经企业技术负责人审批后，作为拆装作业技术方案，并向全体作业人员交底。且装拆必须取得建设行政主管部门颁发的拆装资质证书的专业队进行，并应有技术和安全人员在场监护。

（4）拆装作业前要对所拆装起重机的各部位、结构焊缝、重要部位螺栓、销轴、卷扬机构和钢丝绳、吊钩、吊具以及电气设备、线路等进行检查，使隐患排除于拆装作业之前。

（5）起重机的拆装作业应在白天进行。当遇大风、浓雾和雨雪等恶劣天气时，应停止作业。

（6）指挥人员应熟悉拆装作业方案，遵守拆装工艺和操作规程，使用明确的指挥信号进行指挥（如图 5-18）。所有参与拆装作业的人员，都应听从指挥，如发现指挥信号不清或有错误时，应停止作业，待联系清楚后再进行。

图 5-18　起重指挥

（7）在拆装作业过程中，当遇天气剧变、突然停电、机械故障等意外情况，短时间不能继续作业时，必须使已拆的部位达到稳定状态并固定牢靠，经检查确认无隐患后，方可停止作业。

（8）起重机安装过程中，必须分阶段进行技术检验。整机安装完毕后，应进行整机技术检验和调整，各机构动作应正确、平稳、无异响，制动可靠，各安全装置应灵敏有效；在无载荷情况下，塔身和基础平面的垂直度允许偏差为4/1000，经分阶段及整机检验合格后，应填写检验记录，经技术负责人审查签证后，方可交付使用。

（9）当同一施工地点有两台塔机同时作业时，应保持两机间任何接近部位（包括吊装物）距离不得小于2m。

（10）塔吊作业中，当停电或电压下降时，应立即将控制器扳到零位，并立即切断电源。如吊钩上挂有重物，应稍松稍紧反复使用制动器，使重物缓慢地下降到安全地带。

（11）塔吊不得在六级及以上大风或阵风时作业，停止作业时，应将回转机构的制动器完全放开，起重臂应能随风转动，小车及平衡重应置于非工作状态，吊钩宜升到离起重臂顶端2～3m处。

（12）检修人员上塔身、起重臂、平衡臂等高空部位检查或检修时，必须系好安全带。

5.3.2 施工升降机安全操作规范

施工升降机是建筑中经常使用的载人载货施工机械，主要用于高层建筑的内外装修、桥梁、烟囱等建筑的施工。一般的施工升降机载重量在1～10t，运行速度为1～60m/min。

具体安全操作规范要求如下：

（1）施工电梯通道必须搭设防护棚，做法同安全通道、钢筋棚工具化做法，防护棚挂设警示标识、验收合格牌（如图5-19）。

图5-19 施工电梯安全通道示意图

（2）电梯底部应设置电梯防护门，电梯门采用上下立开式。

（3）电梯的专用开关箱应设在底架附近且便于操作的位置，箱内必须设短路、过载、错相、断相及零位保护等装置。

（4）电梯梯笼周围应按说明书的要求，设置稳固的防护栏杆，各楼层平台通道应平整牢固，出入口应设防护门、防护棚。全行程四周不得有危害安全运行的障碍物。

（5）施工升降机应为人货两用电梯，其安装和拆卸工作必须由取得建设行政主管部门颁发的拆装资质证书的专业队负责，并必须由经过专业培训，取得操作证的专业人员进行操作和维修（如图 5-20）。

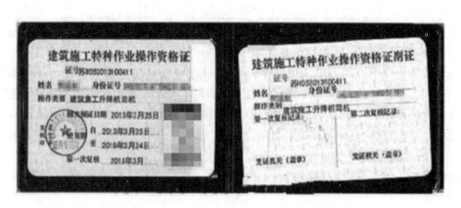

图 5-20　建筑施工升降机特种作业操作资格证

（6）升降机的防坠安全器，在使用中不得任意拆检调整，需要拆除调整时或每用满一年后，均应由生产厂或指定的认可单位进行调整、检修或签定。

（7）新安装或转移工地重新安装以及经过大修后的升降机，在投入使用前，必须经过坠落试验，试验程序应按说明书规定进行，当实验中梯笼坠落超过 1.2m 制动距离时，应查明原因，并应调整防坠安全器，切实保证不超过 1.2m 制动距离。试验后以及正常操作中每发生一次防坠动作，均必须对防坠安全器进行复位。

（8）作业前重点检查项目应符合下列要求：

1）各部结构无变形，连接螺栓无松动现象；

2）齿条与齿轮、导向轮与导轨均接合正常；

3）各部钢丝绳固定良好，无异常磨损；

4）运行范围内无障碍。

（9）梯笼内乘人或载物时，应使载荷均匀分布，不得偏重，严禁超载。

（10）当升降机运行中发现有异常情况时，应立即停机并采取有效的措施将梯笼降到底层，排除故障后方可继续运行，在运行中发现电气失控时，应立即按下急停按钮；在未排除故障前，不得打开急停按钮。

（11）升降机在大雨、大雾、六级及其以上大风以及导轨架、电缆等冻结时，必须停止运转，并将梯笼降到底层，切断电源。暴风雨后，应对升降机各有关安全装置进行一次检查，确认正常后，方可运行。

（12）升降机运行到最上层或最下层时，严禁用行程限位开关作为停止运行的控制开关。

（13）当升降机在运行中由于断电或其他原因而中途停止时，可进行手动下降，将电动机尾端制动电磁铁手动释放拉手缓缓向外拉出，使梯笼缓慢地向下滑行。梯笼下滑时，不得超过额定运行速度，手动下降必须由专业维修人员进行操纵。

（14）作业后，应将梯笼降到底层，各控制开关拨到零位，切断电源，锁好开关箱，闭锁梯笼门和围护门。

5.3.3 物料提升机安全操作规范

物料提升机（如图 5-21）安装危险性大，应按《龙门架及井架物料提升机安全技术规范》JGJ 88—2010 规定，在施工组织设计中，还要有详细的配置安排，并有相关部门的审批。针对工程的特点进行选配物料提升机，既能满足施工要求，又能保证安全。尽量使物料提升机覆盖整个作业面，不留死角。

图 5-21　物料提升机

物料提升机操作要满足以下规范：

（1）进场的物料提升设备要与方案相符。并且各种配件齐全，完好有效。还要严格审核材料进场清单，认真清点，逐一对照。既不能不同型号间的物料提升机混装，又不能以小代大，以次充好。

（2）一般情况下，物料提升机是以散件形式进入施工现场的，应重点监控每个物料提升机是否按方案正确组装、安装。既要组装牢固，组件齐全完好。放置的地点又要安全可靠。

（3）物料提升机安装完毕后，要及时组织现场技术人员、生产人员及上机操作人员一起进行联合验收。重点控制吊篮的安装位置，结构的组装情况，安全限位、电气装置的灵活完好情况，吊笼上下运行不应有障碍物。验收必须百分之百，数量大时可分阶段验收，并形成文字手续。未经验收的物料提升机禁止使用。对验收中存在的问题必须限期整改，确认无问题后投入使用。

（4）对操作人员进行挑选，并对其进行相关的教育培训、考试和发证。教育和培训的重点放在如何正确操作和使用物料提升机以及对可能出现的突发情况如何应对和处理等方面，以增强操作人员的安全意识。还必须强调，禁止作业人员乘坐物料提升机上下作业，以免造成对他人的伤害等。施工单位项目技术负责人对操作人员要进行必要的安全技术交底。

（5）操作人员每天上班前对物料提升机的机械和电气系统进行检查，检查钢丝绳、安全限位是否完好，严禁酒后作业。确认无误后方可上机作业。作业中必须有专人巡视检查。遇 5 级及以上风必须停工。把吊笼放置地面进行封闭。除检查维修人员外他人一律禁入。遇有多工种交叉作业时，应设专人进行看护。

（6）物料提升机在拆除过程中要编制物料提升机拆除方案。预先要了解拆除物料提升机的顺序、运输的方法、拆除的场地、人员的配置、天气等情况。还要对拆卸人员进行必要的交底。

5.3.4 吊篮安全操作规范

出租或使用的吊篮应当具有产品合格证和产品型式检验报告，严禁使用不合格产品。操作人员经考核合格后，由产权单位按照附件的样式制发"高处作业吊篮操作证"，操作人员取得"高处作业吊篮操作证"后方可操作吊篮。其他具体规范如下：

（1）严禁使用钢管等材料自行制作的吊篮。

（2）施工作业时，严禁超过吊篮的额定载荷。作业时，吊篮下方严禁站人，严禁交叉作业。

（3）操作人员在作业中有权拒绝违章指挥和强令冒险作业。在每班作业前，操作人员应当对吊篮进行检查，发现事故隐患或者其他不安全因素时，应当立即处理，排除事故隐患或不安全因素后，方可使用吊篮。

（4）吊篮出现故障或者发生异常情况时，操作人员应当立即停止使用，消除故障和事故隐患后，方可重新投入使用。

（5）吊篮内人应同时作业不得单人操作，操作人员应当配备独立于悬吊平台的安全绳及安全带或其他安全装置，安全带与安全绳应通过锁绳器连接。

（6）安全绳应当固定于有足够强度的建筑物结构上，严禁安全绳接长使用，严禁将安全绳、安全带直接固定在吊篮结构上。

（7）吊篮悬挂机构前支架严禁支撑在女儿墙上、女儿墙外或悬挑结构边缘。

（8）有架空输电线场所，吊篮的任何部位与输电线的安全距离不小于10m。

（9）利用吊篮进行电焊作业时，严禁用吊篮做电焊接线回路。吊篮内严禁放置氧气瓶、乙炔瓶等易燃易爆品。严禁从吊篮的电气控制箱连接其他用电设备。

（10）严禁将吊篮用作垂直运输设备。严禁作业人员从窗口上、下吊篮。遇有雨雪、大雾、风沙及5级以上大风等恶劣天气时，应停止吊篮作业。

（11）维修和拆卸吊篮时，应先切断电源，并在显著位置设置"维修中禁用"和"拆除中禁用"的警示牌，并指派专人值守。

5.3.5 施工机具安全操作规范

施工机具的不正确使用极易造成操作人员受伤，确保设备的可靠与规范操作将避免事故发生，具体规范如下：

（1）使用刃具的机具，应保持刃磨锋利，完好无损，安装正确，牢固可靠。

（2）使用砂轮的机具，应检查砂轮与接盘间的软垫并安装稳固，螺帽不得过紧，凡受潮、变形、裂纹、破碎、磕边缺口或接触过油、碱类的砂轮均不得使用，并不得将受潮的砂轮片自行烘干使用。

（3）在潮湿地区或在金属构架、压力容器、管道等导电良好的场所作业时，必须使用双重绝缘或加强绝缘的电动工具。

（4）非金属壳体的电动机、电器，存放和使用时不应受压、受潮，并不得接触汽油等溶剂。

（5）作业前的检查应符合以下要求：

1）外壳、手柄不出现裂缝、磨损；

2）电缆软线及插头等完好无损，开关动作正常，保护接零连接正确牢固可靠。

3）各部防护罩齐全牢固，电气保护装置可靠（如图 5-22）。

图 5-22　防护罩

（6）机具启动后，应空载运转，应检查并确认机具联动灵活无阻，作业时，加力应平稳，不得用力过猛。

（7）严禁超载使用，作业中应注意音响及温升，发现异常应立即停机检查。在作业时间过长，机具温升超过 60℃时，应停机，自然冷却后再行作业。

（8）作业中，不得用手触摸刃具和砂轮，发现其有磨钝、破损情况时，应立即停机修复或更换，然后再继续进行作业。

（9）机具运转时不得撒手不管。

（10）使用冲击电钻或电锤时，应符合下列要求：

1）作业时应掌握电钻或电锤手柄，打孔时先将钻头抵在工作表面，然后开动，用力适度，避免晃动；转速若急剧下降，应减少用力，防止电机过载，严禁用木杠加压。

2）钻孔时，应注意避开混凝土中的钢筋。

3）电钻和电锤为 40% 断续工作制，不得长时间连续使用。

4）作业孔径在 25mm 以上时，应有稳固的作业平台，周围应设有栏杆。

（11）使用瓷片切割机时应符合以要求：

1）作业时应防止杂物、泥尘混入电机内，并应随时观察机壳温度，当机壳温度过高及产生炭刷火花时，应立即停机检查处理。

2）切割过程中用力应均匀适当，推进刀片时不得用力过猛。当发生刀片卡死时，应立即停机，慢慢退出刀片，应在重新对正后方可再切割。

（12）使用角向磨光机时应符合下列要求：

1）砂轮应选增强纤维树脂型，其安全线速度不得小于 80m/s。配用的电缆与插头应具有加强绝缘性能，并不得任意更换；

2）磨削作业时，应使砂轮与工作面保持 15°～30° 的倾斜，并不得横向摆动。

（13）使用电剪时应符合下列要求：

1）作业前先根据钢板厚度调节刀头间隙量；

2）作业时不得用力过猛，当遇刀轴往复次数急剧下降时，应立即减少推力。

（14）使用射钉枪时应符合下列要求：

1）严禁用手掌推压钉管和将枪口对准人。

2）击发时，应将射钉枪垂直压紧在工作面上，当两次扣动扳机，射钉弹均不击发时，应保持原射击位置数秒后，再退出射钉弹。

3）在更换零件或断开射钉枪之前，射枪内均不得装有射钉弹。

（15）使用拉铆枪应符合下列要求：

1）被铆接物体上的铆钉孔应与铆钉滑配合，并不得过盈量太大。

2）铆接时，当铆钉枪轴未拉断，可重复扣动扳机，直到断为止，不得强行扭断或撬断。

3）当作业时，接铆头子或柄帽若有松动，应立即拧紧。

5.4 事故案例

5.4.1 塔吊倒塌事故案例

1. 案例简介

2011年，某塔吊安装工地，在安装塔吊过程中，发生塔吊平衡臂倾倒事故，造成5人死亡（如图5-23）。

此次事件中，在工地负责人的指挥下，没有取得建筑施工特种作业操作资格证的五名工人安装塔吊的第一节架和两节已装配好标准节架、套架、液压内缸、套架一节架及回转总成。隔日继续安装塔帽、平衡臂，驾驶室和两块A型配重，因平衡臂方向不利于安装前臂，安装人员进行平衡臂（平衡臂距地面20m）旋转，调整安装前臂的角度，当平衡臂旋转到正北方向时，塔身内套架发生倾折，站在平衡臂上的5名安装人员随平衡臂、塔帽坠地，当场死亡2人，另外3人经医院抢救无效相继死亡。

图 5-23 事故现场

2. 原因分析

根据现场查验，内套架与标准节之间并未安装内外塔连接件，也就是没有安装高强螺栓紧固。

汽车吊在上述情况下安装塔吊回转机构总成和驾驶室塔身，接着又安装了两块配重。

两块配重总重量 5000kg，而该塔机使用说明书规定：在没有安装起重大臂之前进行平衡臂上平衡配重的安装规定重量为 4500kg，超过规定配重 500kg，超重安装 11％。

指挥员违章指挥、安装人员严重违规操作，采取旋转平衡臂的方法，使塔吊内套架不能承受平衡臂的倾覆力矩，导致弯折，平衡臂与配重坠地，并由拉杆拉动塔帽与驾驶室倾翻。

5.4.2　施工升降机事故案例

1. 案例简介

2012 年，湖北省某在建楼房的施工电梯发生坠地事故致 19 人死亡（如图 5-24）。

事件经过：事故施工升降机导轨架第 66 和 67 节标准节连接处的 4 个连接螺栓只有左侧两个螺栓有效连接，而右侧（受力边）两个螺栓的螺母脱落，无法受力。在此工况下，事故升降机左侧吊笼超过备案额定承载人数（12 人），承载 19 人和约 245kg 物件，上升到第 66 节标准节上部（33 楼顶部）接近平台位置时，产生的倾翻力矩大于对重体、导轨架等固有的平衡力矩，造成事故施工升降机左侧吊笼顷刻倾翻，并连同 67～70 节标准节坠落地面。

图 5-24　事故现场

2. 原因分析

（1）作业过程中操作人员不按照操作规范进行拆装造成升降机受力失稳倾覆。

（2）作业人员及管理人员违反安全管理规定，超载乘人乘物。

（3）例行检查与维修保养不到位，作业现场管理秩序混乱，重大安全隐患未能及时排除。

5.4.3　物料提升机事故案例

1. 案例简介

2001 年，湖南省某综合楼工程发生一起物料提升机吊篮坠落事故，造成 4 人死亡，3 人重伤，1 人轻伤（如图 5-25）。

事件经过：该综合楼工程建筑面积 4000m²，砖混结构，共 8 层。建设单位未经报建、招标及施工许可手续，以合作开发名义将工程以包工包料方式发包给无施工资质的某建筑公司。该工程楼板为预应力空心预制板，采用了物料提升机垂直运输，然后由人力将板抬运到安装位置。2001年8月5日，该工程主体已进入到第五层且已安装完3层楼板，当准备安装第4层楼板时，由8人自提升机吊篮内抬板，此时突然吊篮从5层高度处坠落，造成4人死亡，3人重伤，1人轻伤的重大事故。

图 5-25　事故现场

2. 原因分析

（1）该提升机无生产厂家、无计算书且无必要的安全装置，安装后未经鉴定确认合格就在现场使用。

（2）提升钢丝绳尾端锚固按规定不应少于3个卡子，而该提升机只设置2个，且其中1个丝扣已损坏拧不紧。

（3）该提升机采用了中间为立柱，两侧跨2个吊篮的不合理设计，导致停靠装置不好安装和操作不便，给安全使用造成隐患，钢丝绳滑脱时，因无停靠装置保护，造成吊篮坠落。

（4）该提升机架体高30m，仅设置一道缆风绳，且材料采用了规范严禁使用的钢筋（$\phi 6$），明显违反了规定，使架体整体稳定性差造成晃动带来危险。

5.4.4　吊篮事故案例

1. 案例简介

2003年6月20日，河南省信阳市某电信综合楼施工现场发生一起吊篮高处坠落事故，造成3人死亡，直接经济损失约50万元。

2003年6月16日下午，瓦工组长张某在未征得工地负责人同意的情况下，将吊篮的32块配重借给上海某装潢公司使用，事后张某向项目部临时负责人、安全员葛某作了报告，并通知电工将该吊篮的电源切断；但是葛某在得知此情况后未采取防范措施。2003年6月20日6时30分许，南通某建筑公司装潢组丁某等3人在综合楼外檐更换一块中空玻璃，丁某等人私自接通吊篮的电源，在使用吊篮前，未对吊篮进行日常检查，又未按规定要求佩戴安全帽和系安全带，因此在吊篮发生下滑倾料时，导致3人从吊篮滑出坠落。

2. 原因分析

（1）按规定要求，该吊篮（型号为 ZLD63L/63）正常使用时屋面挑梁配重应为900kg。事故发生后经检查发现，吊篮屋面挑梁配重实际只有100kg，因此不能平衡吊篮的倾覆力矩。

（2）电动吊篮屋面挑梁配重不足，导致挑梁倾覆，吊篮下滑坠落。

（3）施工工地配电箱应加锁，由专人负责管理，用电由电工负责接线，停用设备应设置安全警示标志。而实际施工中，没有严格按照规定执行。

（4）作业人员未佩戴安全带、安全帽。

5.4.5 事故原因总结及预防要点

综合考虑起因物、致害物和伤害方式，建筑机械伤害可分为以下三类：

（1）高空坠落，包括高空坠物砸伤和人员高空坠地伤亡。这类事故伤亡大，损失严重。主要有起重设备钢丝绳断裂、塔式起重机或物料提升机倒塌、吊篮坠落等重大事故。

（2）机械运动部件伤害。各种施工机械的运动部件都可能构成对人体的伤害，如运动中的皮带轮、飞轮、开式齿轮、钢筋切断机刀片、搅拌机等。

（3）其他因建筑机械产生的巨大噪声、振动、灰尘等对人体的伤害。主要有搅拌机、空气压缩机、打桩机等的噪声、振动伤害。

安全原理中的轨迹交叉事故致因理论认为，当人的不安全行为与物的不安全状态发生于同一时间、空间时，就会发生事故。对于机械伤害事故，同样可以从这两方面：人的不安全行为与物的不安全状态来分析事故的原因：

1. 人的不安全行为

（1）施工队伍的素质差，安全意识和自我保护能力也差，有的甚至未经培训就无证上岗。

（2）冒险蛮干和违章作业。

（3）无安全管理制度。

（4）安装不符合规范要求。

2. 物的不安全状态

（1）设备存在安全隐患。忽视了起重设备的安全管理和维修保养，致使设备经常带病工作。

（2）安全装置和防护设施不齐全、设置不当或失灵，无法起到安全防护作用。

预防建筑施工机械伤害事故也将围绕这两点原因展开。建筑施工机械设备的操作者要严格遵守安全操作规程和安全规章制度。对机械设备做好日常检查和维护保养，检查保险装置及制动装置是否安全、可靠，是否处于受控状态；检查操作系统是否运行正常，对故障要及时排除，对隐患要及时消除，以确保机械设备安全高效运行。齐抓共管方能有效预防施工机械伤害事故的发生。

6 建筑施工临时用电体验培训

建筑施工临时用电是指施工现场在施工过程中，由于使用电动设备和照明等而进行的线路敷设、电气安装以及对电气设备及线路的使用、维护等工作。因为在建筑施工过程结束后要拆除，期限短暂，往往被忽视，导致施工现场触电事故经常发生。

6.1 建筑施工临时用电介绍

6.1.1 建筑施工临时用电定义及特点

施工现场临时用电，是指施工企业针对施工现场需要而专门设计、设置的临时用电系统。施工现场临时用电的特点主要如下：

1. 伤害的隐蔽性

电的形态特殊，看不见、听不到、闻不着、摸不得，用仪表才可测得电流、电压和波形等，隐蔽性强，易造成用电伤害事故。

2. 使用临时性

施工现场临时用电是工程施工前通过专项设计、设置，并维护至工地完成后拆除的一个使用周期的临时用电系统。

3. 系统的复杂性

随着工程规模的不断扩大，机械化程度的提高，各种机电设备数量增多，配电系统要为工地每个作业部位提供动力用电与照明用电。

4. 使用多变性

施工现场临时用电是随着施工机械和施工机具的周期性和移动性而发生变化，如基础施工阶段、主体施工阶段、装饰施工阶段的施工临时用电在形式、位置及用电安全防护的要求不尽相同，会给施工临时用电提出多变的需求。

5. 工作环境恶劣

施工现场露天作业多，受地理位置和气候条件等制约，电气装置、配电线路和用电设备容易导致触电事故。

6. 建筑用电人员水平参差不齐

建筑作业人员自我保护意识差，安全用电知识和技能欠缺，均容易发生触电事故，给施工现场临时用电安全管理带来一定的难度。

目前建筑职业教育往往滞后于行业发展的需要，《施工现场临时用电安全技术规范》JGJ 46—2005（以下简称《规范》）于 2005 年 7 月 1 日实施。许多建筑电气类书籍仍未对《规范》进行全面深入的介绍，未把《规范》作为建筑电工必须掌握的内容宣贯于教科书中。鉴于施工现场临时用电的现实性和迫切性，针对施工现场用电的种种问题，编写了本章内容。

6.1.2 建筑施工临时用电事故类型

人体触电，是指电流流经人体，使其产生病理生理效应。施工现场临时用电系统未严格按照 TN-S 接零保护系统进行设置，系统在失去接零保护和漏电保护装置两道安全防线的状态下，造成人体接触到带电体，发生触电伤害事故。

（1）按误触电的形式，可分为单相触电、二相触电和跨步电压触电。

单相触电是指如果人站在大地上，接触到一根带电导线时，由于大地也能导电，而且与电力系统的中性点相连接，人就等于接触了另一根导线，造成触电。二相触电是指人体同时接触两根带电的导体，电线上的电流就会通过人体，从一根导线流到另一根导线，形成回路，使人触电。"跨步电压"触电是指当输电线路发生故障而使导线接地时，由于导线与大地构成回路，电流经导线流入大地，会在导线周围地面形成电场。如果双脚分开站立，会产生电位差，此电位差就是跨步电压；当人体触及跨步电压时，电流就会流过人体，造成触电事故。人体触电的三种形式如图 6-1 所示，从左到右依次为单相触电、二相触电、跨步电压触电。

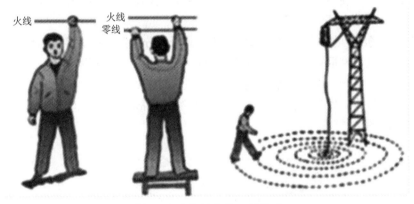

图 6-1　人体触电的三种形式

施工现场触电事故大多情况是单相触电事故，通常是由于带电钢构件、开关、导线及电动机缺陷而造成人体误触电事故。如图 6-2 所示为配电箱触电事故图，图 6-3 所示为电机触电事故图。

图 6-2　配电箱触电事故图　　　　　图 6-3　电机触电事故图

（2）施工现场的触电事故按伤害类型主要分为电击和电伤两大类。

电击：电击是最危险的触电事故，大多数触电死亡事故都是电击造成的。当人直接接触了带电体，电流通过人体，使肌肉发生麻木、抽动，如不能立刻脱离电源，将使人体神经中枢受到伤害，引起呼吸困难，心脏停搏，以致死亡。

电伤：电伤是电流的热效应、化学效应或机械效应对人体造成的伤害。电伤多见于人体外部表面，且在人体表面留下伤痕。其中电弧烧伤最为常见，也最为严重，可使人致残或致命。此外还有灼伤、烙印和皮肤金属化等伤害。灼伤是指由于电流的热效应引起的伤害。一般是由于违反操作规程，例如错误地拉开带负荷隔离开关，开关断开瞬间产生电弧，电弧就会烧伤皮肤；又如电焊工焊工件时，如果人与焊接部位离太近又不戴手套，则会被电弧烧伤。由于烧伤时，电弧的温度很高（电弧中心温度高达 3000℃以上），而且往往在电弧中夹杂着金属熔粒，侵入人体后使皮肤发红、起泡或烧焦和组织败坏，严重时要进行切断肌体治疗，成为终身残疾、甚至死亡。烙印通常发生在产生电流热效应的物件有良好接触的情况下，使受伤皮肤硬化，在皮肤表面留下圆形或椭圆形的肿块痕迹，颜色呈灰色或淡黄色。在工地上常见的有：手触摸或脚踏上刚焊过的焊件，造成烙伤。皮肤金属化是在电流作用下，使熔化和蒸发的金属微粒渗入皮肤表层。皮肤的伤害部分形成粗糙的坚硬表面，日久逐渐剥落。

（3）施工现场的触电事故按发生部位电压的高低可分为低压触电事故和高压触电事故。

用电都是从电力网取得高压电，经降低电压后供给各种电气设备用电。高压配电线路最常见的形式是架空线和电缆。电压越高，危险性就越大。发生在各种电气设备上的触电事故为低压触电事故，发生在高压配电线路上的触电事故为高压触电事故。如图 6-4 所示为高压触电事故图。

图 6-4　高压触电事故

在临时用电系统运行过程中，由于配电线路的不合理设计和设置，可能引发用电故障，其产生的电弧或线路过热，会引起火灾。火势凶猛，短时间迅速蔓延至大面积着火，遇到易燃易爆品可能会发生爆炸事故，所以电气火灾会造成人员伤害和财物损失的重大事故。图 6-5 所示为人体触电事故图。

为了有效防止施工现场意外触电伤害事故，保障人身安全、财物安全，施工现场临时用电必须严格按《规范》要求实施。因为该《规范》就是针对建筑施工现场的特点而编制，是一个适应性很强的施工现场临时用电系统的安全技术规范，同时又是一个以防止触电伤害为目的的法规性技术文件。

图 6-5　人体触电事故

6.1.3　建筑施工临时用电事故规律

为了防止触电事故，应当了解触电事故的规律。根据对触电事故的分析，从触电事故的发生率上看，可找到以下规律：

1. 触电事故季节性明显

统计资料表明，每年二三季度事故多。特别是 6～9 月，事故最为集中。主要原因为：一是这段时间天气炎热、人体衣单而多汗，触电危险性较大；二是因为这段时间多雨、潮湿，地面导电性增强，容易构成电击电流的回路，而且电气设备的绝缘电阻降低，容易漏电。

2. 低压设备触电事故多

国内外统计资料表明，低压触电事故远远多于高压触电事故。其主要原因是低压设备远远多于高压设备，与之接触的人比与高压设备接触的人多得多，而且都比较缺乏电气安全知识。应当指出，在专业电工中，情况是相反的，即高压触电事故比低压触电事故多。

3. 携带式设备和移动式设备触电事故多

携带式设备和移动式设备触电事故多的主要原因是这些设备是在人的紧握之下运行，不但接触电阻小，而且一旦触电就难以摆脱电源；另一方面，这些设备需要经常移动，工作条件差，设备和电源线都容易发生故障或损坏；此外，单相携带式设备的保护零线与工作零线容易接错，也会造成触电事故。

4. 电气连接部位触电事故多

大量触电事故的统计资料表明，很多触电事故发生在接线端子、缠接接头、压接接头、焊接接头、电缆头、灯座、插销、插座、控制开关、接触器、熔断器等分支线、接户线处。主要是由于这些连接部位机械牢固性较差、接触电阻较大、绝缘强度较低以及可能发生化学反应的缘故。图 6-6 所示为电缆连接专用接头。

图 6-6　电缆连接接头

5. 错误操作和违章作业造成的触电事故多

大量触电事故的统计资料表明，有 85％以上的事故是由于错误操作和违章作业造成的。其主要原因是由于安全教育不够、安全制度不严和安全措施不完善、操作者素质不高等。

6. 不同年龄段的人员触电事故不同

中青年工人、非专业电工、合同工和临时工触电事故多。其主要原因是由于这些人是主要操作者，经常接触电气设备。而且，这些人经验不足，又比较缺乏电气安全知识，其中有的责任心还不够强，以致触电事故多。

6.2　建筑施工临时用电事故体验项目

6.2.1　综合用电体验

体验者可进行触电体验，亲身感受到微电流，认识到不同大小的电流对人体造成的伤害，学习安全用电知识，提高安全用电意识。体验项目如图 6-7 所示。

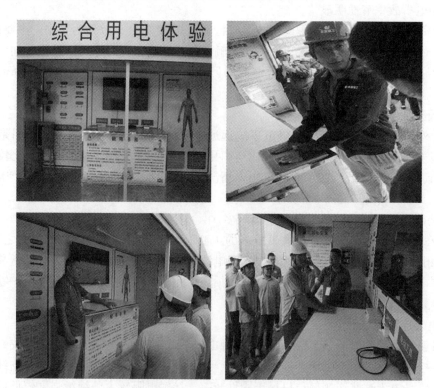

图 6-7　综合用电体验设施图

1. 体验要求和流程

（1）培训师向体验者讲解有关临时用电的知识。

（2）向体验者展示三种在施工现场常见错误的电箱，并提问工人都有哪些错误。工人指出一部分或者全部后，由培训师依次讲解每一个电箱的错误之处，让工人加深印象。

（3）进行触电体验，体验者将双手同时平铺放置在带电面板，此时会产生大约 1mA 的脉冲电流流经人体，使体验者明显感觉到被微弱电流电击到的真实麻麻的触觉。同时右边的模拟人体电路图也会发出红色，表示有电流经过人体。

2. 体验注意事项

进行触电体验时，体验者的双手要与带电面板接触，不可两根手指分别触碰带电面板，其正确体验姿势如图 6-8 所示。

图 6-8　触电体验正确体验姿势

3. 体验知识点

建筑施工现场临时用电工程专用的电源中性点直接接地的 220/380V 三相四线制低压电力系统，必须符合下列规定：

（1）建筑施工现场的电工、电焊工属于特种作业工种，必须按国家有关规定经专门安全作业培训，取得特种作业操作资格证书，方可上岗作业。其他人员不得从事电气设备及电气线路的安装、维修和拆除。图 6-9 所示为电工需持证上岗图片。

图 6-9　电工需持证上岗

117

（2）施工单位管理人员及施工人员应遵从适用的安全标准、条例及业主安全要求。

（3）使用配电箱、开关箱时，操作者应接受岗前培训，熟悉所使用设备的电气性能和掌握有关开关的正确操作方法。

（4）在导线、电路部件及电气设备上进行的所有电气作业应按标准做法断电后方可实施。

（5）配电箱、开关箱的接线应由电工操作，非电工人员不得乱接。

（6）维修机器停电作业时，要与电源负责人联系停电，要悬挂警示标志，卸下保险丝，锁上开关箱。如图6-10所示为机械维修时需停电作业要求示意图。

图6-10　机械维修时需停电作业

（7）作业人员使用手持电动工具时，应穿绝缘鞋，戴绝缘手套，操作时握其手柄，不得利用电缆提拉。绝缘鞋如图6-11所示，绝缘手套如图6-12所示。

图6-11　绝缘鞋　　　　　　　　　　　　图6-12　绝缘手套

（8）使用手持电动工具前，必须检查外壳、手柄、负荷线、插头等是否完好无损，接线是否正确；发现工具外壳、手柄破裂，应立即停止使用并进行更换。

（9）在停、送电时，配电箱、开关箱之间应遵守合理的操作顺序：

送电操作顺序：总配电箱——分配电箱——开关箱；

断电操作顺序：开关箱——分配电箱——总配电箱。

正常情况下，停电时首先分断自动开关，然后分断隔离开关；送电时先合隔离开关，后合自动开关。隔离开关如图6-13所示，漏点保护器如图6-14所示。

图 6-13　隔离开关

图 6-14　漏电保护器

（10）不允许使用任何裸露导线及其他裸露的设备载流部件。

（11）现场所有配电导线采用橡套软电线，不准使用塑料线及花线，不允许用铁丝、铜线代替保险丝。

（12）严禁在床头设立开关和插座。

（13）非专职人员不得擅自拆卸和修理工具。

6.2.2　跨步电压体验

通过多媒体技术模拟了跨步电压的环境，体验者可亲身体验跨步电压带来的触电伤害并学习在跨步电压环境下如何自救。其体验项目如图 6-15 所示。

图 6-15　跨步电压体验设施图

1. 体验要求和流程

体验者单脚一次踏入装置的模拟带电接触点，跨步前进至最前高压线搭落处，每走一步都要使得模拟带电触点反映到屏幕上，屏幕显示工人缓慢接近高压线接地处。直到工人走到最前端，屏幕会模拟工人因跨步产生的电压接触到人体，产生触电事故。

2. 体验注意事项

体验者需单脚依次踏准模拟带电体，以此来感应屏幕。其正确体验姿势如图 6-16 所示。

图 6-16　跨步电压正确体验姿势

3. 体验知识点

当发现电线坠地或设备漏电时，切不可随意跑动和触摸金属物体，并保持 10m 以上距离。

跨步电压是断线落地点或带电拉线入地点周围地面上任何两点间的电压，两点间距离愈大电压愈高。当人走进这个地区时，前脚着地点的电压高于后脚落地点的电压，两脚间就存在电压差，因而就有电压加在人身上。人与电线落地点越近，跨步的步距越大，跨步电压就越高，触电后果就越严重。如果遇到高压线断落，自己又在跨步电压范围内，这个范围一般离电线落地点 20m 以内，这时，应当用单脚跳出危险区。单脚落地可减少电压差，或者小步走出危险区，千万不可大步跑动。

6.2.3　湿地触电体验

采用多媒体控制系统模拟了带电的潮湿地面环境，体验者可通过触发系统产生触电效应。从而教育体验者在潮湿作业环境下更易发生触电事故。体验项目如图 6-17 所示。

图 6-17　湿地触电体验设施

1. 体验要求和流程

要求体验者脱掉鞋袜，穿上特制的导电拖鞋，缓慢走在湿地接触平台上，感受 1mA 的脉冲电流流经人体时的触电感觉。

2. 体验注意事项

进行湿地触电体验时，体验者需穿上特制的导电拖鞋，其体验姿势如图 6-18 所示。

图 6-18　湿地触电体验

3. 体验知识点

当架空线路的一根带电导线断落在有水的地面或潮湿环境的地面时，由于水是导电物质，落地点与带电导线的电势相同，电流就会从导线的落地点向大地流散，于是地面上以导线落地点为中心形成了一个电势分布区域，离落地点越远，电流越分散，地面电势也越低。如果人或牲畜站在距离电线落地点 8～10m 以内。两脚之间形成电位差，电流经过身体使人发生触电，就可能发生事故。模拟环境与现实触电体验相结合使人们体验湿地触电时的感觉。

6.3　建筑施工临时用电规范及要求

6.3.1　建筑施工用电基本安全要求

（1）建筑施工现场临时用电工程专用的电源中性点直接接地的 220/380V 三相四线制低压电力系统，必须符合下列规定，TN-S 配电系统示意图如图 6-19 所示：

1）采用三级配电系统；

2）采用 TN-S 接零保护系统；

3）采用二级漏电保护系统。

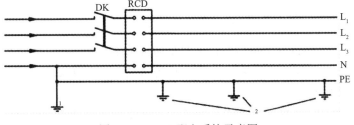

图 6-19　TN-S 配电系统示意图

（2）施工单位应编制安全用电技术措施，并将其编制的安全用电技术措施交由监理、业主进行审批，待各方批准后方可实施。

（3）临时用电组织设计及变更时，必须履行"编制、审核、批准"程序，由电气工程技术人员组织编制，经相关部门审核及具有法人资格企业的技术负责人批准后实施。变更用电组织设计时应补充有关图纸资料。

（4）临时用电工程必须经编制、审核、批准部门和使用单位共同验收，合格后方可投入使用。

（5）临时用电工程定期检查应按分部、分项工程进行，对安全隐患必须及时处理，并应履行复查验收手续。

（6）在施工现场专用变压器供电的 TN-S 接零保护系统中，电气设备的金属外壳必须与保护零线连接。保护零线应由工作接地线、配电室（总配电箱）电源侧零线或总漏电保护器电源侧零线处引出。

（7）施工现场与外电线路共用同一供电系统时，电气设备的接地、接零保护应与原系统保持一致。不得一部分设备做保护接零，另一部分设备做保护接地。

（8）采用 TN 系统做保护接零时，工作零线（N 线）必须通过总漏电保护器，保护零线（PE 线）必须由电源进线零线重复接地处或总漏电保护器电源侧零线处，引出形成局部 TN-S 接零保护系统，重复接地标识牌如图 6-20 所示。

图 6-20　重复接地标识牌

（9）PE 线上严禁装设开关或熔断器，严禁通过工作电流，且严禁断线。

（10）TN 系统中的保护零线除必须在配电室或总配电箱处做重复接地外，还必须在配电系统的中间处和末端处做重复接地。

（11）在 TN 系统中，保护零线每一处重复接地装置的接地电阻值不应大于 10Ω。在工作接地电阻值允许达到 10Ω 的电力系统中，所有重复接地的等效电阻值不应大于 10Ω。

6.3.2 外电线路及电气设备

当在建工程附近有外电线路时，需要采取措施对外电线路进行防护，以避免施工过程中触碰外电线路引起触电事故，图 6-21 为外电防护的实例图。在施工中须采取如下措施进行外电防护。

图 6-21 外电线路防护图

（1）在建工程不得在外电架空线路正下方施工、搭设作业棚、建造生活设施或堆放构件、架具、材料及其他杂物等。

（2）起重机严禁越过无防护设施的外电架空线路作业。在外电架空线路附近吊装时，起重机的任何部位或被吊物边缘在最大偏斜时与架空线路边线的最小安全距离应符合相关规定，其距离示意图如图 6-22 所示。

图 6-22 高压线附近吊装作业

（3）施工现场开挖沟槽边缘与外电埋地电缆沟槽边缘之间的距离不得小于 0.5m。

（4）电气设备现场周围不得存放易燃易爆物、污染源和腐蚀介质，否则应予清除或做防护处置，其防护等级必须与环境条件相适应。

（5）当施工现场与外电线路共用同一供电系统时，电气设备的接地、接零保护应与原系统保持一致。不得一部分设备做保护接零，另一部分设备做保护接地。

（6）不得将控制设备，如开关、断路器等安装在有易燃性液体或气体存在的处所及环境中。

（7）做防雷接地机械上的电气设备，所连接的 PE 线必须同时做重复接地，同一台机械电气设备的重复接地和机械的防雷接地可共用同一接地体，但接地电阻应符合重复接地电阻值的要求。

6.3.3 配电室及自备电源

1. 配电室

（1）配电室应靠近电源，并应设在灰尘少、潮气少、振动小、无腐蚀介质、无易燃易爆物及道路畅通的地方。图 6-23 为配电室外观实例图，图 6-24 为配电室内部消防器材配置要求实例图。

（2）成列的配电柜和控制柜两端应与重复接地线及保护零线做电气连接。

（3）配电室和控制室应能自然通风，并应采取防止雨雪侵入和动物进入的措施。

（4）配电室的顶棚与地面的距离不低于 3m。

图 6-23　配电室

图 6-24　配电室内消防器材

（5）配电室内设置值班或检修室时，该室边缘处配电柜的水平距离大于 1m，并采取屏障隔离。

（6）配电室内的裸母线与地向垂直距离小于 2.5m 时，采用遮栏隔离，遮栏下通道的高度不小于 1.9m。

（7）配电室围栏上端与其正上方带电部分的净距不小于 0.075m。

（8）配电装置的上端距顶棚不小于 0.5m。

（9）配电室内的母线涂刷有色油漆，以标志相序；以柜正面方向为基准。

（10）配电室的建筑物和构筑物的耐火等级不低于 3 级，室内配置砂箱和可用于扑灭电气火灾的灭火器。

（11）配电柜应装设电源隔离开关及短路、过载、漏电保护电器。电源隔离开关分断时应有明显可见分断点。图 6-25 为配电柜外观及内部电器元件安放要求实例图。

124

图 6-25　配电柜实例图

（12）配电柜或配电线路停电维修时，应挂接地线，并应悬挂"禁止合闸、有人工作"停电标志牌。停送电必须由专人负责。

2. 自备电源

（1）发电机组及其控制、配电、修理室等可分开设置；在保证电气安全距离和满足防火要求情况下可合并设置。

（2）发电机组的排烟管道必须伸出室外，配电室内必须配置可用于扑灭电气火灾的灭火器，严禁存放贮油桶。

（3）发电机组电源必须与外电线路电源连锁，严禁并列运行。

（4）发电机组应采用电源中性点直接接地的三相四线制供电系统和独立设置 TN-S 接零保护系统。图 6-26 为移动式发电机实例图。

图 6-26　移动式发电机实例图

6.3.4　配电箱及开关箱

施工现场临时用电一般采用三级配电方式，即总配电箱（或配电室），下设分配电箱，再以下设开关箱，开关箱以下就是用电设备。

（1）配电箱、开关箱的箱体材料，一般应选用钢板，亦可选用绝缘板，但不宜选用木质材料。

（2）配电箱、开关箱应安装端正、牢固，不得倒置、歪斜。固定式配电箱、开关箱的下底与地面垂直距离应大于或等于 1.3m，小于或等于 1.5m；移动式分配电箱、开关箱的下底与地面的垂直距离应大于或等于 0.6m，小于或等于 1.5m。图 6-27 为室外配电箱设置要求示意图。

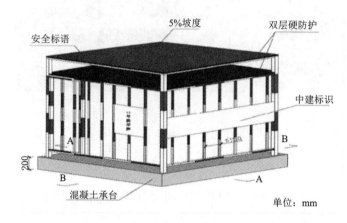

图 6-27　室外配电箱设置示意图

（3）配电箱之间的距离不宜太远。分配电箱与开关箱的距离不得超过 30m。开关箱与固定式用电设备的水平距离不宜超过 3m。图 6-28 为开关箱及用电设备布置要求示意图。

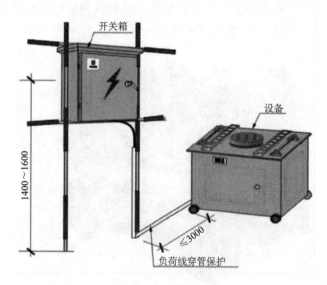

图 6-28　开关箱及用电设备布置示意图

（4）每台用电设备应有各自专用的开关箱。施工现场每台用电设备应有各自专用的开关箱，且必须满足"一机、一闸、一漏、一箱"的要求，严禁用同一个开关电器直接控制两台及两台以上用电设备。图 6-29 为开关箱内部"一机一闸一箱一漏"实例图。

图 6-29　一机一闸一箱一漏实例图

　　(5) 所有配电箱门应配锁,不得在配电箱和开关箱内挂接或插接其他临时用电设备,开关箱内严禁放置杂物。

　　(6) 配电箱的工作环境应保持设置时的要求,不得在其周围堆放任何杂物,保持必要的操作空间和通道。

　　(7) 配电箱的电器安装板上必须分设 N 线端子板和 PE 线端子板。N 线端子板必须与金属电器安装板绝缘;PE 线端子板必须与金属电器安装板做电气连接。进出线中的 N 线必须通过 N 线端子板连接;PE 线必须通过 PE 线端子板连接。PE 线接线板的正确接线方式如图 6-30,N 线接线板的正确连线方式如图 6-31 所示。

图 6-30　PE 线接线板

图 6-31　N 线接线板

　　(8) 开关箱中漏电保护器的额定漏电动作电流不应大于 30mA,额定漏电动作时间不应大于 0.1s。使用于潮湿或有腐蚀介质场所的漏电保护器应采用防溅型产品,其额定漏电动作电流不应大于 15mA,额定漏电动作时间不应大于 0.1s。

　　(9) 总配电箱中漏电保护器的额定漏电动作电流应大于 30mA,额定漏电动作时间应大于 0.1s，但其额定漏电动作电流与额定漏电动作时间的乘积不应大于 30mA·s。

（10）配电箱、开关箱的电源进线端严禁采用插头和插座做活动连接。

（11）对配电箱、开关箱进行定期维修、检查时，必须将其前一级相应的电源隔离开关分闸断电，并悬挂"禁止合闸、有人工作"停电标志牌，严禁带电作业。图 6-32 为分配电箱内部电器元件安置实例图，图 6-33 为开关箱内部电器元件安置实例图，图 6-34 为"禁止合闸、有人工作"警示牌示例。

图 6-32　分配电箱　　　　　　　　　　　　　　图 6-33　开关箱

图 6-34　"禁止合闸，有人工作"警示牌示例

6.3.5　配电线路与照明

（1）电缆线路应采用埋地或架空敷设，严禁沿地面明设，并应避免机械损伤和介质腐蚀。埋地电缆路径应设方位标志。常用电缆敷设方式如图 6-35 和图 6-36 所示。

图 6-35　电缆架空敷设示例

图 6-36　电缆埋地敷设

（2）电缆中必须包含全部工作芯线和用作保护零线或保护线的芯线。需要三相四线制配电的电缆线路必须采用五芯电缆。

（3）五芯电缆必须包含淡蓝、绿/黄二种颜色绝缘芯线。淡蓝色芯线必须用作 N 线；绿/黄双色芯线必须用作 PE 线，严禁混用。

（4）临时照明线路必须使用绝缘导线，户内临时线路的导线必须安装在离地 2m 以上支架上；户外临时线路必须安装在离地 2.5m 以上支架上，零星照明线不允许使用花线，一般应使用软电缆线。

（5）照明系统中每一单相回路上，灯具和插座数量不宜超过 25 个，并应装设熔断电流为 15A 以下的熔断保护器。

（6）照明变压器必须使用双绕组型安全隔离变压器，严禁使用自耦变压器。

（7）下列特殊场所应使用安全特低电压照明器：

1）隧道、人防工程、高温、有导电灰尘、比较潮湿或灯具离地面高度低于 2.5m 等场所的照明，电源电压不应大于 36V。图 6-37 为手持式移动照明设备，图 6-38 为移动照明设备。

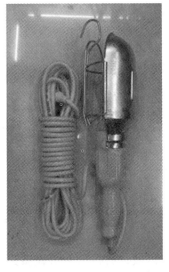

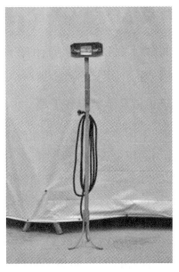

图 6-37　手持式移动照明设备　　　　图 6-38　移动照明设备

2）潮湿和易触及带电体场所的照明，电源电压不得大于 24V。

3）特别潮湿场所、导电良好的地面、锅炉或金属容器内的照明，电源电压不得大于 12V。

（8）电器、灯具的相线必须经过开关控制。不得将相线直接引入灯具，也不允许以电气插头代替开关来分合电路，室外灯具距地面不得低于 3m；室内灯具不得低于 2.4m。

（9）建设工程的照明灯具宜采用拉线开关。拉线开关距地面高度为 2～3m，与出、入口的水平距离为 0.15～0.2m。

（10）使用手持照明灯具应符合一定的要求：

1）电源电压不超过 36V。图 6-39 为手持照明需为低压电源要求示意图。

2）灯体与手柄应坚固，绝缘良好，并耐热防潮湿。

3）灯头与灯体结合牢固。

4）灯泡外部要有金属保护网。

5）金属网、反光罩、悬吊挂钩应固定在灯具的绝缘部位上。

图 6-39　手持照明需为低压电源

（11）对夜间影响飞机或车辆通行的在建工程及机械设备，必须设置醒目的红色信号灯，其电源应设在施工现场总电源开关的前侧，并应设置外电线路停止供电时的应急自备电源。

6.3.6　电动建筑机械及手持电动工具

（1）长期搁置不用或受潮的工具在使用前应由电工测量绝缘阻值是否符合要求。

（2）施工现场的用电设备必须实行"一机、一闸、一漏、一箱"制，即每台用电设备必须有自己专用的开关箱，专用开关箱内必须设置独立的隔离开关和漏电保护器。严禁用同一个开关箱直接控制 2 台及 2 台以上用电设备（含插座）。

（3）220V 以上的电压只能用于重型设备，如塔吊、绞车等，且应严格按照相关法规的要求设置漏电保护断路器（GFCI）。

（4）对混凝土搅拌机、钢筋加工机械、木工机械、盾构机械等设备进行清理、检查、维修时，必须首先将其开关箱分闸断电，呈现可见电源分断点，并关门上锁。

（5）便携式及手持式工具及临时现场照明应接自220V中心接地系统。

（6）手持电动机具：手持电动机具按触电保护分为Ⅰ类工具、Ⅱ类工具和Ⅲ类工具。

1）Ⅰ类工具（即普通型电动机具）

其额定电压超过50V。工具在防止触电的保护方面不仅依靠其本身的绝缘，而且必须将不带电的金属外壳与电源线路中的保护零线作可靠连接，这样才能保证工具基本绝缘损坏时不成为导电体。这类工具外壳一般都是全金属。

2）Ⅱ类工具（即绝缘结构皆为双重绝缘结构的电动机具）

其额定电压超过50V。工具在防止触电的保护方面不仅依靠基本绝缘，而且还提供双重绝缘或加强绝缘的附加安全预防措施。这类工具外壳有金属和非金属两种，但手持部分是非金属，非金属处有"回"符号标志。

3）Ⅲ类工具（即特低电压的电动机具）

其额定电压不超过50V。工具在防止触电的保护方面依靠由安全特低电压供电和在工具内部不含产生比安全特低电压高的电压。这类工具外壳均为全塑料。

Ⅱ、Ⅲ类工具都能保证使用时电气安全的可靠性，不必接地或接零。

（7）手持电动机具的安全使用要求。图6-40为手动工具破皮后应及时维修示意图。

图6-40　手动工具破皮后应及时维修

1）一般场所应选用Ⅰ类手持式电动工具，并应装设额定漏电动作电流不大于15mA，额定漏电动作时间小于0.1s的漏电保护器。

2）在露天、潮湿场所或金属构架上操作时，必须选用Ⅱ类手持式电动工具，并装设漏电保护器，严禁使用Ⅰ类手持式电动工具。

3）负荷线必须采用耐用的橡皮护套铜芯软电缆。

4）单相用三芯（其中一芯为保护零线）电缆；三相用四芯（其中一芯为保护零线）电缆；电缆不得有破损或老化现象，中间不得有接头。

5）手持电动工具应配备装有专用的电源开关和漏电保护器的开关箱，严禁一台开关接两台以上设备，其电源开关应采用双刀控制。图6-41为低压开关箱实例图。

6）手持电动工具开关箱内应采用插座连接，其插头、插座应无损坏，无裂纹，且绝缘良好。

图 6-41　低压开关箱

6.4　事故案例

6.4.1　电焊作业触电事故案例

1. 案例简介

某建筑公司工人张某爬上移动登高架拟对漏水管道进行电焊补漏,另一处工人江某则在登高架上负责监护。9 时 40 分左右,江某听到张某猛叫了一声,见张某拿着电焊钳的手在颤抖,江某上前去拉电焊钳的电线,没拉开,于是迅速爬下移动登高架,关掉电焊机电源,张某随即从移动登高架上掉落下来。后送医院抢救无效死亡。经该医院诊断:张某死于严重颅脑伤和电击伤。其事故图片如图 6-42 所示。

图 6-42　事故现场图

2.事故原因

（1）电焊钳绝缘手柄破损漏电，移动登高架操作平台没有安全防护装置，造成触电后坠落，二次伤害致死。

（2）作业现场管理不规范，现场监护人员缺乏电工专业知识，电焊机接地线连接不正确。

（3）安全教育不到位，作业人员忽视安全操作规程，不系安全带，不戴安全帽，使用不绝缘的帆布手套和绝缘手柄损坏的电焊钳作业，安全交底不明确。

6.4.2 高压触电事故案例

1.案例简介

2011年7月5日8时55分，乌拉特中旗某农贸市场建筑工地发生触电事故，5名工人当场死亡，另外2人口吐白沫，被救援人员送进乌拉特中旗人民医院。相关责任人已被控制，2名伤者在包钢医院进行抢救。

2.事故原因

据乌拉特中旗电力公司调查，农贸市场建筑工地7名工人在搬运脚手架时未拆开脚手架直接搬运触及10kV线路75♯～76♯杆间北边导线。线路南北边导线对地距离均为6.64m，中导线对地距离为7.2m，脚手架高度为6.9m。搬运的脚手架明显超过线路高度，脚手架触碰高压线导致联电是发生该起触电事故的直接原因。

6.4.3 事故原因总结及预防要点

1.事故原因总结

（1）施工用电不规范，主要表现为：

1）未落实"一机一闸一箱一漏"的原则。

2）未完全落实三级配电两极漏电保护的规定。

（2）配电、漏电装置不规范，主要表现为：

1）未使用标准配电箱，配电箱的安装位置不当。

2）安装漏电开关的用电设备未进行接零保护。

（3）线路架设不符合要求或架设于脚手架上。施工现场对线路架设常见问题有：

1）电线电缆拖地敷设。

2）对穿过现场的外电线路未进行必要的加高防护，施工机械经过时，时有事故发生。

（4）有一些施工现场未配备专业电气技术人员，对临时用电的安全管理和临时用电组织设计编制工作不重视。

（5）大部分电工虽然能做到持证上岗，但多数电工的专业技术知识匮乏，处理各种技术问题的经验和能力不足。

（6）有的施工现场使用的配电箱和开关箱周围堆满钢筋加工成品、木方、模板和钢管等材料，无正常操作空间和安全通道，且未配置灭火器。

2.预防要点

（1）强化施工现场用电的监督检查。施工现场的临时用电安全必须要求相关的安全责任部门进行定期的检查和监督，对于存在的安全隐患问题必须严格要求用电单位进行完善和整改，对于屡次存在的问题依旧不能得到解决和整改的单位，必须进行严肃处理和处罚，严重的必须吊销其施工资质。

（2）构建合理、安全的用电管理责任制度。在施工现场的临时用电过程中，必须要求相关施工单位对于临时用电的安全管理进行严格的制度管理，搭建合理的安全用电管理体系。施工单位必须要求进行岗位责任制，对于不按照用电制度进行管理和用电的责任人，必须进行严肃处理，要切实地将用电安全和规范施工结合起来，确保施工的顺利进行。

（3）强化施工过程中的设计管理。在进行现场施工的过程中施工的用电设计管理必须要根据实际情况进行分析，要求必须定期的对于施工现场进行维修、监测。同时严格按照用电设计进行操作要求，对于电路发生变更时，必须要求专职电工人员进行持证上岗，进行定期维护，保障施工的安全。

（4）强化用电人员的培训与管理。对于在施工过程中的临时用电操作人员的用电安全管理必须进行强化培训和学习。必须要求施工人员进行用电安全培训和强化学习。定期对施工人员进行安全培训，加强用电的安全教育和基础用电常识的教育。让全体施工人员都能认识到施工现场的用电安全意义重大，不能进行违章作业，确保施工现场用电安全的健康有序。

7 建筑施工火灾事故体验培训

近年来建筑施工现场发生的各类生产安全事故中，火灾事故所占的比例虽然不大，但期间发生的几起火灾事故都属于重大、特大生产安全事故，造成重大人员伤亡和财产损失，并产生恶劣的社会影响。尤其随着城市建设的不断加快，建筑施工中出现的大量火灾隐患，给社会公共安全带来极大危害。

7.1 建筑施工火灾事故介绍

7.1.1 建筑施工火源主要来源

火灾发生的必然条件是同时具备氧化剂、可燃物、点火源，三要素缺少任何一个，燃烧都不能发生或持续。火三角示意图如图 7-1 所示。同样在建筑施工过程中预防火灾事故也应该将重点放在可燃物存放区域与可能发生的点火源。

图 7-1　火三角示意图

1. 建筑施工场所可燃物广泛存在于各个区域

施工现场中经常会用到各种可燃、易燃甚至易爆的材料。例如施工区安放的木制脚手板；木工加工区存放着各种木材、木屑；装饰作业区有油料，PVC 管材等。这些物料还会在仓库区集中存放。生活办公区放置着被褥、纸张等生活必需品。这些区域都可能引发火灾事故。

2. 建筑施工火灾点火源主要来源

（1）施工现场乱扔烟头

烟头虽然不大，但烟头的表面温度为 200～300℃，中心温度可达 700～800℃，一支香烟点燃延续时间为 5～15min。如果剩下的烟头长度为香烟长度的 1/5～1/4，那么可延续燃烧 1～4min。一般来说，多数可燃物质的燃点低于烟头的表面温度，如纸张为 130℃，麻绒为 150℃，布匹为 200℃，松木为 250℃，在自然通风的条件下试验可证实，燃烧的烟头扔进深 50mm 的锯末中，经过 70～90min 的阴燃，便开始出现火焰。可见，施工人员现场吸烟这一现象不能忽视。另外，烟头的烟灰在弹落时，有一部分呈不规则的颗粒，带有火星，如果落在比较干燥、疏松的可燃物上，也极有可能会引起燃烧。图 7-2 所示为"施工现场，禁止吸烟"示意图。

图 7-2　施工现场禁止吸烟

（2）石灰受潮或遇水发热起火

建筑施工工地储存的石灰，一旦遇水或受潮湿的空气影响时，就会起化学作用，由氧化钙生成氢氧化钙（熟石灰），在化学反应过程中，放出大量的热量，温度高达 800℃，此时若接触到可燃材料，极易发生起火造成火灾。例如，用芦席、竹子、木板等可燃材料搭建的石灰棚，当石灰受潮或遇水发热的温度达到 170～230℃时，就会引燃起火。

（3）施工现场焊接、切割的明火源

焊接是连接金属件的一种方法，建筑施工工地常需进行钢筋焊接，装配式构件之间的铁件也需焊接。切割是利用乙炔等可燃气体与氧气混合燃烧产生高温而切开金属的一种加工方法。焊接和切割均属于明火作业，焊接或切割金属时，大量高温的熔渣四处飞溅；并且使用的能源乙炔、丙烷、氢气等都是易燃、易爆的气体；而氧气瓶、乙炔气瓶及其他液化石油气瓶、乙炔发生器等又均是压力容器。在建筑施工工地上存放和使用大量易燃材料，如木板、草席、油毡等。如果施工人员在焊接、切割作业过程中违反操作规程，就潜伏着发生火灾和爆炸的可能性及危险性。因此，对施工现场的焊接、切割作业要严格管理，必要时要有专人监护，以确保焊接、切割的作业安全。图 7-3 所示为气焊、气割作业危险示意图。

图 7-3　气焊、割作业危险示意

（4）施工现场的锅炉运行失控也易引起火灾

建筑施工工地常常使用小型锅炉，如果锅炉的烟筒靠近易燃的工棚，因为烟筒有飞火，易燃物质着火易引起火灾。锅炉燃烧系统的化学性爆炸，有时也会引起锅炉房着火。在建筑施工工地上，由于使用的小型锅炉，人们在思想上容易麻痹，且往往锅炉工没有经过严格正规的安全教育培训，操作不当也容易引发锅炉发生爆炸、火灾事故。

（5）木屑自燃起火

在建筑施工工地上，当大量木屑（锯末）堆积在一起，若含有一定水分时，由于存在一定的微生物，并生长繁殖产生热量，又由于木屑的导热性很差，热量不易散发，使温度逐渐升高到70℃左右时，此时微生物会死亡，积热不散，同时木屑中的有机化合物开始分解，生成多孔碳，并能吸收气体，同时放热，继续升温到引起新的化合物的分解、碳化，使温度不断上升，当温度上升到150～200℃时，木屑中心的纤维素开始分解，进入氧化过程，温度继续上升，反应迅速加快，热量不断增大，在积热不散的情况下就会引起自燃。图7-4为木工加工棚实例图。

图7-4　木工加工棚实体图

（6）变压器、电气线路起火引起火灾

建筑施工现场的用电大多属于临时供电线路，往往存在着不规范的行为，极易引起火灾事故，对于施工现场的用电，不管是正式永久性供电，还是临时性供电，都必须按照国家规范的要求进行，该设置安全电压的设置安全电压，该绝缘的绝缘，该屏护的必须屏护，该保护接地或接零的必须接地或接零，该装漏电保护装置的必须装漏电保护装置，这样才能有效地控制或避免变压器、电气线路或一些用电设备引发的火灾事故。

（7）熬制沥青作业用火不慎起火

建筑施工中经常熬制沥青，沥青在加热熔融工程中，常常因温度过高或因加料过多，使沥青沸腾外溢冒槽或产生易燃性蒸汽，接触炉火面发生火灾。

（8）厨房用火

厨房是用火、用电、用气较为频繁的地方，也是使用明火进行作业的场所，若操作不当，很容易引起泄漏、燃烧、爆炸；厨房长年环境比较潮湿、油烟重，燃烧过程中产生的不均匀燃烧物及油气蒸发产生的油烟积聚下来，形成一定厚度的可燃物油层和粉层附着在墙壁、烟道和抽油烟机的表面，一旦遇有明火有引起油烟火灾的可能；厨房用火用电设备集中，且厨房较潮湿，使用不当，电气线路容易造成短路，引起电气火灾；厨房用油过程中因调火、放置不当等原因很容易引起火灾。因此，厨房也是施工现场重要火灾隐患部位。厨房火源如图 7-5 所示。

图 7-5　厨房用火示例

7.1.2　建筑施工火灾特点

建筑工地与一般厂矿、企业的火灾危险性有所不同，它主要具有以下特点：

1. 起火因素较多

（1）易燃、可燃材料多，明火作业多。建筑工地存放着大量的可燃材料，如：木材、油毡纸、沥青、草袋子、草垫子、席子等。如图 7-6 所示施工现场木材存放区、塑料管存放区均为易燃材料。此外施工现场还有一、二级易燃的化学高分子液体材料，如：汽油、柴油、各种油漆。这些材料除一部分存放在条件较差的简易仓库内，绝大多数都露天堆放在建筑施工场地内。另外在施工现场到处可以看到，工程残留散落下来的木材头、刨花、锯末、废草包、稻壳子、沥青碎块、油毡纸头等。由于建筑工地是一个多工种密集型立体交叉混合作业的施工场地，尤其在工程施工高峰期间，电焊、气焊、熬制沥青、喷灯、煤炉，以及在冬期施工中，水、砂子、河石等均要用火加热，还有工人宿舍、休息室内的取暖等，明火作业特别多，如果疏于管理，极容易引起火灾。

图 7-6　现场材料存放区

（2）易燃的建筑物多。建筑工地中的作业棚、仓库、宿舍、办公室、厨房、变电所等临时设施，绝大多数都是用可燃材料搭设而成的易燃建筑。由于施工现场面积都比较狭小，这些设施往往相互连接，甚至紧挨施工现场，缺乏应有的防火距离。一旦起火，非常容易延烧成灾。生活区密集建筑物如图 7-7 所示。

图 7-7　生活区实例图

（3）临时电气线路多，容易漏电起火。随着现代化建筑技术的不断发展，以墙体、楼板为中心的预制设计标准化、构件生产工厂化和施工现场机械化得到普遍的采用。致使施工现场的电焊以及大型机械设备增多，再加上大量的外埠队伍食宿于工地，使施工现场的用电量增大，有时超负荷用电。另外，有时缺乏系统正规的设计、电气线路纵横交错，有时发生漏电短路，引起火灾事故。图 7-8 所示为生活区安装大量空调实例图。

图 7-8　生活区安装大量空调

（4）人员流动性大。由于建筑施工的工艺特点，各工序之间都相互交叉、流水作业，建筑工人常处于分散、流动状态，各作业工种之间相互交叉，因此，容易遗留火灾隐患，而又不易发现。

（5）社会因素影响。施工现场受社会影响较大，外来人员较多，经常出入工地，到处乱动机械，乱扔烟头。尤其节假日期间儿童不择场所燃放鞭炮，都给工地管理带来不便，往往留下火种不易及时发现，而酿成火灾。

（6）各工种施工周期短，变化大。一般工程在很短的期间内都要经过备料、搭建临设、主体工程施工等几个不同阶段。随着工程的进展，作业工种增多，施工方法也各有不同，因而就会出现不同的火灾隐患。

2. 火势蔓延迅速

（1）由于建筑工地易燃的建筑多，而且往往相互连接，缺乏应有的防火距离，所以一旦起火，尤其遇到风天，蔓延非常迅速。

（2）公共建筑、轻工厂房的室内高级装饰工程，使用的材料大部分都是木材、胶合板、树脂板、绝缘质泡沫等易燃材料，一旦起火，蔓延相当迅速。有的甚至产生有毒气体，使火灾不易扑救。

（3）建筑工程的脚手架外围护物也大多为可燃材料，混凝土浇筑也有采用木制模板。尤其是冬期施工采用的保温材料，都是些草袋子、草垫子、席子、稻壳子等易燃材料，一旦起火，蔓延迅速。

3. 缺少消防水源与通道，灭火比较困难

一般工地往往只有临时消防水源，且有时由于工期延误，受季节变化影响，一到冬季结冰，不能保证供水。有的基建工地、施工现场设有围墙、刺网等。甚至有的工地正处在暖气外线施工阶段，现场内挖掘很多基坑和沟道。使消防车难于接近火场，妨碍灭火的展开。

4. 受灾建筑物破坏快，倒塌迅速

正在施工中的建筑结构强度往往未达到设计要求，完整性差，所以一旦起火，破坏倒塌是很迅速的。

5. 易波及周围建筑

大部分建筑工程施工工地和厂矿、民宅互相连接，火灾的因素也相互影响，一旦工地起火，很容易波及周围的环境；周围建筑起火，也会影响到建筑工地。如图 7-9 所示施工现场，其与周围民宅建筑相互连接。

以上特点说明建筑工地火灾危险性大，稍有疏忽，就有可能发生火灾事故。

图 7-9　施工现场实例图

7.2 建筑施工消防体验项目

7.2.1 消防用品展示

通过展示介绍，让体验者认识各类消防设施，学习使用方法，提高体验者消防方面的知识，提高初期灭火能力。项目如图 7-10 所示。

图 7-10 消防用品展示设备

1. 体验要求和流程

（1）介绍建筑施工现场常见消防设施并指出其适用范围。建筑施工现场必须按要求配备消防设施，这些消防设施只适用于扑灭初期火灾。

（2）讲解遇到发火紧急情况应如何处置。发现灾情后应该冷静判断火势，根据火源情况进行扑灭或及时拨打火警电话 119 并呼救提醒、组织人员有序撤离。

（3）介绍常用消防法规知识。私自移动、挪用消防器材是一种违法行为。消防栓水不得改为施工、生活用水。

2. 体验知识要点

通过对消防用品的展示使体验者对身边消防用品有所了解，并向他们传达一些消防法律法规，提高体验者的消防安全意识。展示各型消防器、消防沙箱、消防铲、消防斧、灭火毯、消防栓等。

7.2.2 灭火器演示体验

本项目包含灭火器使用演示、多场景灭火体验。体验者可学习灭火器的使用方法及适用范围；通过多媒体模拟多种起火场景，体验者可选择不同种类的灭火器灭火体验。体验项目如图 7-11 所示。

1. 体验要求和流程

（1）培训师向体验者讲解有关灭火器相关知识。

（2）施工现场必须配备合格灭火器，灭火器为压力容器，压力表指针应处于绿色区

图 7-11　灭火器演示体验设施

域，处于红色区域为压力不足无法达到灭火效果，处于黄色区域为压力过大容易导致灭火器爆炸危险。

（3）使用灭火器灭火时应该选用合适的灭火器种类。灭火器主要分为清水灭火器、泡沫灭火器、干粉灭火器、二氧化碳灭火器。

（4）灭火器只适用于火灾初期的现场扑救。体验设备通过声、光、烟，模拟真实火灾场景，教导工人灭火器的正确使用方法，即"一提二拉三瞄四喷"。

（5）将先除掉铅封，提起灭火器，拉开灭火器上的保险销；将喷管瞄准火源的底部；压下手柄将罐内灭火材料喷出。

图 7-12 所示为灭火器使用方法示意图。

图 7-12　灭火器使用方法示意图

2. 体验注意事项

进行灭火器演示体验时应将喷管瞄准火源的底部，其正确体验姿势如图7-13所示。

图7-13　灭火器演示体验正确姿势

3. 体验知识要点

（1）使用灭火器灭火时应该选用合适的灭火器种类。灭火器主要分为清水灭火器、泡沫灭火器、干粉灭火器、二氧化碳灭火器。

（2）施工现场必须配备合格灭火器，灭火器为压力容器，压力表指针应处于绿色区域，处于红色区域为压力不足无法达到灭火效果，处于黄色区域为压力过大容易导致灭火器爆炸危险。

（3）焊接、切割、烘烤或加热等动火作业前，应对作业现场的可燃物进行清理；作业现场及其附近无法移走的可燃物应采用不燃材料对其覆盖或隔离。

（4）室内使用油漆及其有机溶剂、乙二胺、冷底子油等易挥发产生易燃气体的物资作业时，应保持良好通风，作业场所严禁明火，并应避免产生静电。

（5）裸露的可燃材料上严禁直接进行动火作业。具有火灾、爆炸危险的场所严禁明火。

（6）监火员需对动火作业邻近区域进行检查，包括作业点的上方和下方区域，确保各种可燃物按要求清理出动火作业相关区域或按要求采取了措施防止火灾。

（7）作业完成1h后，安保人员需对相应的动火作业地点进行巡视，以防动火作业过程中导致的材料阴燃未及时被发现而引起火灾。

（8）动火作业者确保将所有可燃或易燃材料，包括动火作业点附近的任何干燥的残留物，移除至安全的地方，若不能移除时，须用灭火毯或耐火防水油布覆盖。

（9）动火作业开始前应清扫作业区域，去除所有油脂、油污或溶剂残留，若有必要需洒水浇湿。

（10）气瓶、电焊机等动火设备必须采取有效固定。

7.2.3　火灾逃生体验

通过烟雾系统、红外系统、监控系统，模拟了火灾现场的烟雾环境，体验者可体验学习正确的逃生要领和注意事项。体验项目如图7-14所示。

图 7-14　烟雾逃生体验设施

1. 体验要求和流程

（1）向体验者讲授火灾事故人员伤亡原因：火灾事故伤亡人员大多由于吸入有毒有害气体窒息死亡。

（2）向体验者讲述遇到较大火灾事故注意事项：遇到火灾首先要沉着冷静，及时正确判断火情并对火势发展有一个大致估计判断自己的逃生路线或者等待救援。切不可随意逃窜或是跳楼。

（3）讲解正确的逃生方法：将毛巾或衣物打湿捂住口鼻，身体猫腰、半蹲，根据应急指示灯贴墙行走寻找安全出口逃生。

（4）讲解建筑消防、逃生常见问题：建筑物应该设置必要的消防疏散设施，逃生通道不得堆放杂物，不得将门锁死。消防安全重点单位应当编制灭火和应急疏散预案，并按照预案，至少每半年进行一次演练，结合实际，不断完善预案。其他单位应当结合本单位实际，参照制定相应的应急方案，至少每年组织一次演练。

2. 体验注意事项

烟雾走廊能见度较低要当心脚下，调整合适步伐不要过急，预防摔倒事故。其正确体验姿势如图 7-15 所示。

图 7-15　烟雾逃生正确体验姿势

3. 体验知识点

发生火灾时工人的正确逃生方法和自救应急措施。

7.3 建筑施工动火作业及消防规范

7.3.1 施工现场防火基本要求

（1）各单位在编制施工组织设计时，施工总平面图、施工方法和施工技术均要符合消防安全要求。图7-16所示为生活区消防设置实例图。

图 7-16 生活区消防实例

（2）施工现场应明确划分用火作业场地、易燃可燃材料堆场、仓库、易燃废品集中站和生活区等区域。施工现场夜间应有照明设备，保持消防车通道畅通无阻，并要安排人员加强值班巡逻。图7-17为可动火区域标识图。

（3）施工作业期间需搭设临时性建筑物时，必须经施工企业技术负责人批准，施工结束应及时拆除。但不得在高压架空下面搭设临时性建筑物或堆放可燃物品。

（4）在施工现场应该按照不同类型的易燃、易爆物品来配备不同的足够的灭火器及消防器材，专人维护、管理、定期更新，保证完整好用。

图 7-17 可动火区域标识图

（5）在土建施工时，应先将消防器材和设施配备好，有条件的，应敷设好室外消防水管和消火栓。常用消防栓标识图如图7-18所示。

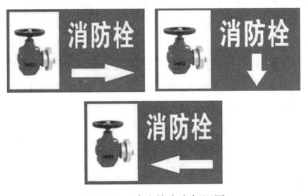

图 7-18 消防栓走向标识图

（6）确保动火作业设备的维护保养，并根据需要更换使用回火熄灭器和止回阀，以防发生混合气体爆炸或逆燃现象。

（7）易燃易爆危险品库房与在建工程的防火间距不应小于15m，可燃材料堆场及其加工场、固定动火作业场与在建工程的防火间距不应小于10m，其他临时用房、临时设施与在建工程的防火间距不应小于6m。

（8）建筑构件的燃烧性能等级应为 A 级。当采用金属夹芯板材时，其芯材的燃烧性能等级应为 A 级。

（9）既有建筑进行扩建、改建施工时，必须明确划分施工区和非施工区。施工区不得营业、使用和居住；非施工区继续营业、使用和居住时，应符合下列规定：

1）施工区和非施工区之间应采用不开设门、窗、洞口的耐火极限不低于 3.0h 的不燃烧体隔墙进行防火分隔。

2）非施工区内的消防设施应完好和有效，疏散通道应保持畅通，并应落实日常值班及消防安全管理制度。

3）施工区的消防安全应配有专人值守，发生火情应能立即处置。

4）施工单位应向居住和使用者进行消防宣传教育，告知建筑消防设施、疏散通道的位置及使用方法，同时应组织疏散演练。

5）外脚手架搭设不应影响安全疏散、消防车正常通行及灭火救援操作，外脚手架搭设长度不应超过该建筑物外立面周长的 1/2。

（10）用于在建工程的保温、防水、装饰及防腐等材料的燃烧性能等级应符合设计要求。

（11）储装气体的罐瓶及其附件应合格、完好和有效；严禁使用减压器及其他附件缺损的氧气瓶，严禁使用乙炔专用减压器、回火防止器及其他附件缺损的乙炔瓶。

（12）动火证制度是消防安全的一项重要制度。动火作业前必须申请办理动火证，动火证必须注明动火地点、动火时间、动火人、现场监护人、批准人和防火措施。要做到先申请，后作业；不批准，不动火。

1）一级动火作业由所在单位行政负责人填写动火申请表，编制安全技术措施方案，报公司保卫部门及消防部门审查批准后，方可动火，动火期限为 1 天。

2）二级动火作业由所在工地的负责人填写动火申请表，编制安全技术措施方案，报本单位主管部门审查批准后，方可动火，动火期限为 3 天。

3）三级动火作业由所在班组填写动火申请表，工地负责人及主管人员审查批准后，方可动火，动火期限为 7 天。

4）古建筑和重要文物单位等场所动火作业，按一级动火手续上报审批。

（13）施工现场的消火栓泵应采用专用消防配电线路。专用消防配电线路应自施工现场总配电箱的总断路器上端接入，且应保持不间断供电。消防系统示意图如图 7-19 所示。

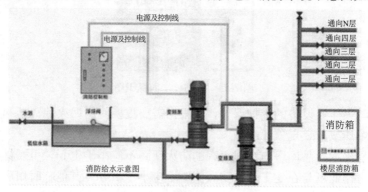

图 7-19　消防系统示意图

（14）所有气瓶及焊接装置，均应安装专门设计的手推车上，以方便现场的搬运或使用。施工现场常用电焊机专用推车及气瓶推车如图 7-20 及图 7-21 所示。

图 7-20　电焊机专用推车实例图

图 7-21　气瓶推车实例图

7.3.2　受限空间的动火作业

（1）进入受限空间之前，要使用合适的气体检测仪器对受限空间内的有害气体及易燃蒸气、粉尘浓度进行检测，当确认无有害气体存在，易燃蒸气、粉尘浓度不超过爆炸下限且满足进入受限空间的其他要求时方可进入受限空间。图 7-22 为进入受限空间前进行气体测试示意图。

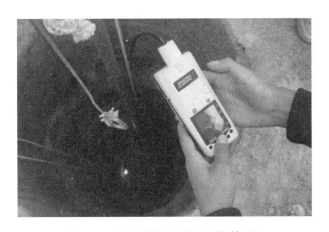

图 7-22　进入受限空间前进行气体测试

（2）受限空间的动火作业开始前，相应动火作业人员应办理受限空间许可证及动火作业许可证。

（3）所有无关人员离开该受限空间。

（4）不允许在受限空间内放置压缩气瓶，相关任务完成后或者需要暂停时，应将软管、喷枪等带离受限空间。

（5）监火员负责接应作业场所内的动火作业人员，以防出现事故时紧急通知现场管理人员也防止外界因素影响受限空间内的动火作业致使事故的发生。

（6）受限空间动火作业开始之前，要有通风设备往受限空间内输送空气，使受限空间内的氧气含量维持在合适的水平。以防动火作业过程中受限空间内氧气消耗致使动火作业人员缺氧窒息。图 7-23 为受限空间内通风示意图。

（7）动火作业过程中，应使用挡弧板遮挡相关作业区域，防止受限空间内的作业人员受到辐射影响也减少通风设备对火势的影响。挡弧板应用实例如图 7-24 所示。

图 7-23　送风机示例图　　　　　　　　　　图 7-24　挡弧板实例图

（8）在动火作业过程中，应对受限空间内的有害气体及易燃蒸气、粉尘浓度持续监测，确保其不会超过相关标准。

（9）针对受限空间的作业特点，配备合适的应急救援设备，如爬梯、医用氧气瓶、对讲机等。

7.3.3　气焊和气割

针对气焊、气割作业的特点，动火作业者进行动火作业时需特别注意以下几点：

（1）所有的气瓶，无论是空瓶还是满瓶，均应视为满瓶处置。

（2）进行相关作业时，气瓶应该以垂直状态进行固定，至少应该使用直径 1.2cm 的绳索、铁链或 9 号线固定气瓶，禁止将气瓶置于自由竖立状态。气瓶储存时须直立放置，并采取措施固定以防滚动、倾倒。

（3）所有压缩气瓶都必须配备压力表、防震圈、防震帽，乙炔瓶都必须配备回火熄灭器和止回阀，气瓶调压器、软管及放空管，均须适合气瓶气体的应用。图 7-25 为气瓶固定措施示例图，图 7-26 为气瓶吊装示意图。

图 7-25　气瓶固定措施示例　　　　图 7-26　气瓶吊装示意图

（4）储装气体的气瓶及其附件应合格、完好和有效；严禁使用减压器及其他附件缺损的氧气瓶，严禁使用乙炔专用减压器、回火防止器及其他附件缺损的乙炔瓶。

（5）气瓶不得用作滚筒或支架。

（6）作业开始之前，动火作业者应确认气瓶状况良好，安装防震圈和防震帽，如发现任何有损伤或缺陷的气瓶或气瓶组件。动火作业者须立即将其撤离现场并进行更换。

（7）在首次使用或安装之前，应该确认减压器、软管和喷枪组件状态良好，并检查是否存在泄漏，如果存在泄漏情况，应关闭气瓶阀门并将气瓶转移至安全位置。

（8）气焊或气割作业中，要求氧气瓶离乙炔瓶之间的距离不小于5m，氧气瓶、乙炔瓶距离明火的距离不小于10m。图7-27所示为气瓶间距示意图。

图7-27　气割间距示意图

（9）气瓶在运输使用和储存过程中，应与热源保持安全距离或者予以屏蔽，防止受到热源影响。图7-28为气瓶受热危险示意图。

（10）损坏或泄漏的气瓶及软管应停止使用，并附加"禁止使用"标签，转移至隔离区域。

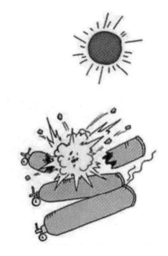

（11）若气焊或气割需要暂停一段时间，应关闭喷枪和气瓶阀门。如果可行，应取下喷枪和软管，并释放泄压，泄压时泄压口不能对着受限空间。

（12）在气瓶闲置、空瓶或移动时，必须关闭阀门。在移动或存放气瓶时，应该装配阀门护盖。

（13）发生炸鸣、回火或漏气情况时，第一时间关闭气瓶阀门，阻断气体供应。

（14）工作结束时，所有的气瓶应撤出工作现场，工作过程中若气瓶的气体耗尽，应立即将气瓶撤出工作现场并运输至指定区域。

图7-28　气瓶受热示意图

（15）乙炔发生器和氧气瓶的存放之间距离不得小于2m，使用时，二者的距离不得小于5m。

7.3.4 电弧焊

电焊作业极易引起火灾，因此在进行电焊作业时，需要采取相应的措施预防电焊作业引起火灾。图 7-29 所示为电焊作业示意图。

图 7-29　电焊作业示意图

（1）焊接作业在露天进行时，要求作业点通风良好，以避免吸入金属烟雾和热辐射的影响。

（2）在通风不良的环境中作业时，要求提供局部排气和通风系统。

（3）焊接时应使用盔式头盔，保护作业人员免受紫外线辐射的影响。图 7-30 为焊接时用的盔式面罩。

（4）穿戴防护手套和安全鞋或安全靴，以保护皮肤防止灼伤。图 7-31 为焊接时所用防护手套。

图 7-30　盔式面罩

图 7-31　焊工手套

（5）当电弧焊需暂停一段时间（如作业人员午餐时间或过夜休息），相关设备应切断电源，并取下焊把上的焊条，妥善放置焊把，避免意外接触焊把或产生电弧。

（6）电焊机的把线和回线要满足国家相应标准，绝缘良好，禁止使用金属构件和管道作为电焊回线。

（7）电焊机外壳应有良好的保护接地或接零；电焊机应有良好的隔离防护装置，电焊机的绝缘电阻不得小于 1MΩ。

（8）在潮湿环境中进行电焊作业时，要求手和脚必须进行绝缘保护。

（9）若环境潮湿不可进行电焊作业，应禁止作业，以免发生电击或触电事故。不得冒雨进行电焊作业。

（10）各种电焊机都应该在额定电压下使用，旋转式直流电焊机应配备足够容量的磁力启动开关，不得使用闸刀开关直接启动。图 7-32 为电焊防火示意图，图 7-33 为电焊机吊装工具实例图。

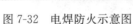

图 7-32　电焊防火示意图

图 7-33　电焊机吊装工具

（11）电焊机的接线柱、接线孔等应安装在绝缘板上，并有防护罩保护。

（12）电焊机应放置在避雨干燥的地方，不准与易燃、易爆物品或容器混放在一起。

（13）室内焊接时，电焊机的位置、线路敷设和操作地点的选择应符合安全防火要求，作业前必须进行检查，焊接导线要有足够的截面面积。

（14）严禁将焊接导线搭在氧气瓶、乙炔瓶、发生器、煤气、液化气等易燃易爆设备上，电焊导线中间不应有接头，如果必须设有接头，其接头处要远离易燃易爆物 10m 以外。

7.3.5　涂漆、喷漆作业

（1）涂漆、喷漆的作业场所内油漆料库和调料间内禁止一切火源，应有良好的通风，并应采取防爆电器设备，防止形成爆炸极限浓度，引起火灾或爆炸。

（2）油漆料库与调料间应分开设置，应与散发火花的场所保持一定的防火间距。调料间不能兼做更衣室和休息室。

（3）油漆工调料人员不能穿易产生静电的工作服和带钉子的鞋。接触涂料、稀释剂的工具应采用防火花型工具。

（4）对使用中能分解、发热自燃的物料，要妥善管理。性质抵触、灭火方法不同的应分库存放。调料间内不应存放超过当日加工所用的原料。

（5）浸有涂料、稀释剂的破布、纱团、手套和工作服等应及时清理，不能随意堆放，防止因化学反应而生热，发生自燃。

（6）涂漆、喷漆的施工禁止与焊工同时间、同部位的上下交叉作业。

（7）在维修工程施工中，使用脱漆剂时，应采用不燃性脱漆剂。若使用易燃性脱漆剂时，一次涂刷脱漆剂量控制在能使漆膜起皱膨胀为宜，清除掉的漆膜要及时妥善处理。

（8）油漆桶、涂料桶等包装物以及有燃料、爆炸危险的废弃品的销毁、处理应交由有资质的第三方机构进行处理。

7.3.6 易燃、易爆品仓库

建筑施工现场由于其自身的特点和需要，往往设置一些仓库和料场，而这些仓库和料场中经常存放一些施工需要的易燃易爆物品和材料，如果储存不当，极易造成火灾事故。图 7-34 为施工现场危险品仓库实例图。

图 7-34　危险品仓库示例图

（1）易燃易爆物品仓库的设置应当充分考虑对现场及周围环境的影响，尽量远离居民区、商场等居住建筑和公共建筑，确实无法满足要求时，应当采取可靠的安全措施。

（2）库房内、外应按 500m² 的区域分段设立防火墙，把建筑平面划分为若干个防火单元，以便考虑失火后能阻止火势的扩散。仓库应设在水源充足、消防车能驶到的地方。

（3）储量大的易燃仓库，应将生活区、生活辅助区和堆场分开设置大门应向外开启。

（4）固体易燃物品应与易燃易爆的液体分开存放，互相作用或灭火方法相抵触的物资不得混放。

（5）应加强对存放库的检查，易燃、易爆物品储存数量尽量少，能够满足使用需求即可。

（6）仓库周围未经许可，严禁动用明火，严禁堆放物品；仓库内严禁吸烟及使用电加热器具。

（7）仓库必须由专人负责管理，仓库工作人员下班时应进行防火安全检查，切断电源，关窗锁门，确认无隐患后，方可离开。

（8）照明灯具的配备必须满足国家规范的要求，严禁乱拉乱接电线；需要在仓库附近设置警示标志；按规定配置相应种类和数量的灭火器材，挂放在醒目地方，定期检查保养，保持完好有效。图 7-35 为危险品库房安全警示标识牌。

图 7-35　危险品库房警示标志示例

（9）气瓶必须竖直存放在安全并且通风条件良好的区域，并且需要采取适当的限位措施防止气瓶歪倒。

7.3.7　木工加工区

（1）操作间建筑应采用阻燃材料搭建。操作间内严禁吸烟和明火作业。

（2）操作间冬季宜采用暖气供暖。如果火炉取暖时，必须在四周采取挡火措施。不应用燃烧劈柴、刨花代煤取暖。每个火炉都要有专人负责，下班时要将余火彻底熄灭。

（3）电气设备的安装要符合要求。抛光、电锯等部位的电气设备应采用封闭式或防爆式。刨花、锯末较多部位的电动机，应安装防尘罩。配电盘、刀闸下方不能堆放成品、半成品及废料。图 7-36 所示为木工加工棚内部整洁示例图。

图 7-36　木工加工棚内部示例图

（4）操作间只能存放当班的用料，成品及半成品要及时运走。对旧木料一定要检查，取出铁钉等金属后，方可上锯锯料。

（5）木工应做到活完场地清，刨花、锯末每班都要打扫干净，倒在指定地点。工作完毕后应拉闸断电，并经检查确认无火险后方可离开。

7.3.8　职工宿舍与食堂生活区

（1）职工生活区必须设置醒目的消防器材，灭火器材完整有效，定期检查保养，灭火器全部采用干粉灭火器，火灾未发生时任何人严禁动用各种消防器材。

（2）职工生活区，除食堂外，任何人不准私自动用明火，必须动用明火的应事先报告项目部批准后，方可实施。

（3）任何人严禁携带易燃易爆物品进入生活区，一经发现将严肃处理。

（4）职工宿舍内严禁私自乱拉、乱接电线，严禁使用电炉、电热毯等大功率电器用具，防止电线过负荷发热引起火灾。图 7-37 为宿舍内禁止乱拉电线示意图。

图 7-37　宿舍内禁止乱拉电线

（5）职工宿舍严禁动用明火，严禁卧床吸烟，职工宿舍必须保持清洁，定期、定人搞好卫生，消除安全隐患。宿舍严禁吸烟示意图如图 7-38 所示。

图 7-38　宿舍严禁吸烟

154

（6）职工发现火灾隐患应及时报项目部安全负责人。

（7）职工生活区必须设置专职安全人员进行巡回检查。

（8）职工宿舍严禁其他外单位人员留宿。

（9）食堂必须设专人管理，并负责防火工作。

（10）食堂用火必须提高防火意识，用火时必须设专人看护，严禁无人看火现象。

（11）食堂附近必须设置灭火器材，无火灾严禁任何人挪动。

（12）食堂工作人员下班前，必须检查食堂及大灶确无火灾隐患后，方可锁门下班。

7.3.9 消防器材

（1）临时搭设的建筑物区域内，每 100m² 配备 2 只 10L 灭火器。

（2）大型临时设施总面积超过 1200m²，应备有专供消防用的积水桶（池）、黄沙池等设施，上述设施周围不得堆放物品。

（3）临时木工间、油漆间、木具间和机具间等每 25m² 配备一只种类合适的灭火器，油库危险品仓库应配备足够数量、种类合适的灭火器。

（4）24m 高度以上高层建筑施工现场，应设置具有足够扬程的高压水泵或其他防火设备和设施。图 7-39 为施工现场消防器材摆放实例图。

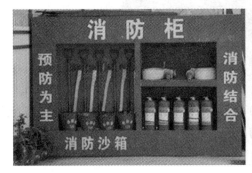

图 7-39　消防器材摆放实例图

7.4　事故案例

7.4.1　违规电焊作业火灾事故案例

1. 案例简介

2010 年 11 月 15 日 14 时 14 分，上海市静安区正在实施节能综合改造施工的胶州路 728 号公寓大楼发生火灾，造成 58 人死亡、71 人受伤，建筑物过火面积 12000m²，直接经济损失 1.58 亿元。

2010 年 10 月中旬，监理、施工单位在对脚手架进行部分验收时，发现起火建筑 10 层凹廊部位脚手架的悬挑支架缺少斜支撑，即要求对其进行加固。由于当时加固用工字钢部件缺货，安排电焊班组负责人在来料后进行加固。13 时左右，两名工人将电焊工具搬至起火建筑 10 层合用前室北墙西侧窗口内侧西北角，准备加固该部位的悬挑支架。14 时 14

分许，工人将电焊机用来连接地线的角钢焊接到窗外的脚手架上后，突然发现下方9层位置脚手架防护平台处起火，经使用干粉灭火器扑救无效后，两人逃生。其事故图片如图7-40所示。

图 7-40　事故现场图

2. 原因分析

在胶州路 728 号公寓大楼节能综合改造项目施工过程中，施工人员违规在 10 层电梯前室北窗外进行电焊作业，电焊溅落的金属熔融物引燃下方 9 层位置脚手架防护平台上堆积的聚氨酯保温材料碎块、碎屑引发火灾。

7.4.2　使用违规材料火灾事故案例

1. 案例简介

2009 年 2 月 9 日 20 时 15 分，在建的中央电视台新址园区文化中心发生火灾事故，在救援过程中造成 1 名消防队员牺牲、8 人受伤（其中包括 6 名消防队员、2 名施工人员），建筑物过火过烟面积 21333m^2（其中过火面积 8490m^2），直接经济损失 16383.93 万元。

2009 年 2 月 9 日晚 20 时，央视新址办启动燃放活动。据现场目击者及有关录像资料证实，礼花弹在空中炸开后的焰火燃烧的星体（温度可达 1200～1500℃）高度明显高于文化中心建筑主体高度，且在空中呈弧线落至文化中心主体建筑门式造型顶部。20 时 15 分许，门式造型顶部呈冒烟至初起明火形态。20 时 27 分，北京市公安局消防局 119 指挥中心接到火灾报警，先后共调集 27 个消防中队、85 辆消防车、595 名消防官兵前往进行扑救。至 23 时 58 分，主体建筑外部明火被基本扑灭。至次日凌晨 2 时许，大火被彻底扑灭。火灾扑救过程中，共抢救疏散现场及周边群众 800 余人，造成 1 名消防队员牺牲、8 人因吸入高温烟气导致呼吸道吸入性损伤（其中包括 6 名消防队员、2 名施工人员）。事故现场图片如图 7-41 所示。

图 7-41　事故现场图

2. 原因分析

央视新址办违法组织燃放烟花爆竹，对文化中心幕墙工程中使用不合格保温板问题监督管理不力。

有关施工单位违规配合建设单位违法燃放烟花爆竹，在文化中心幕墙工程中使用大量不合格保温板。

7.4.3　事故原因总结及预防要点

1. 事故原因总结

（1）现场的设施不符合消防安全的要求，如仓库防火性能低、库内照明不足、通风不良、易燃易爆材料混放；现场内在高压线下设置临时设施和堆放易燃材料；在易燃易爆材料堆放处实施动火作业。

（2）缺少防火、防爆安全装置和设施，如消防、疏散、急救设施不全，或设置不当等。

（3）在高处实施电焊、气割作业时，对作业的周围和下方缺少防护遮挡。

（4）雷暴区季节性施工避雷设施失效。

（5）作业人员对异常情况不能正确判断、及时报告处理。

（6）现场消防制度不落实，措施不落实，无灭火器材或灭火剂失效。

（7）延误报火警，消防人员未能及时到达火场灭火。

（8）因防火间距不足，可燃物数量多，大风天气等无法短时间灭火。

2. 预防要点

（1）加强建设工程施工工地消防设计监督审核。为了从源头上消除火灾隐患，应在审核阶段就对施工方案中的消防措施进行审核。一是限制可燃复合材料的使用量。二是内部装修是否遮挡消防设施、疏散指示标志及安全出口，是否妨碍消防设施和疏散走道的正常使用。三是把好建筑装修电气审核关。四是重视审核工程采用的新工艺、新技术、新材料。

（2）加强建筑施工现场的动态消防检查。在施工过程中，要针对薄弱环节，重点检查施工现场消防安全责任制落实情况、用火用电和危险品的储存情况、职工宿舍的消防安全、消防器材配备情况。

（3）合理规划建筑施工现场的消防安全布局。要针对施工现场平面布置的实际，合理划分各作业区，特别是明火作业区、易燃、可燃材料堆场、危险物品库房等区域，设立明显的标志，将火灾危险性大的区域布置在施工现场常年主导风向的下风侧或侧风向。

（4）严格建筑施工现场的用电用火管理。施工单位要确定一名经过消防安全培训合格的电工，能正确安装及维修电气设备。严格落实危险场地动用明火审批制度，焊接作业时要派一名监护人员，配齐必要的消防器材，并在焊接点附近采用非燃材料板遮挡的同时清理干净其周围可燃物，防止焊珠四处喷溅。

（5）加强消防安全宣传教育和培训。加强消防安全宣传首先应从提高工地管理人员的消防素质做起。侧重加强他们的消防安全岗前培训，重点掌握各类消防安全理论知识和业务技能。施工单位对雇佣的临时民工必须经过消防安全教育，使其熟知基本的消防常识，特别是要加强对电焊、气焊作业人员的消防安全培训，使之持证上岗。

8 建筑施工有限空间作业体验培训

有限空间是指封闭或部分封闭，进出口较为狭窄有限，未被设计为固定工作场所，自然通风不良，易造成有毒有害、易燃易爆物质积聚或氧含量不足的空间。有限空间作业是指作业人员进入有限空间实施的作业活动。在建筑施工行业常见的涉及有限空间作业的工程有管道、涵洞、轨道地铁、沟、井以及市政管网中的下水道、污水处理设施等设施及场所。由于缺乏有限空间作业安全知识以及危险认知程度低而导致的人员伤亡是导致建筑施工有限空间作业事故的主要原因。

8.1 建筑施工有限空间作业介绍

在建筑施工行业常见的涉及有限空间作业的工程有管道、涵洞、轨道地铁、沟、井以及市政管网中的下水道、污水处理设施等设施及场所。

8.1.1 建筑施工有限空间作业概念

所谓有限空间，是指封闭或者部分封闭，与外界相对隔离，出入口较为狭窄，作业人员不能长时间在内工作，自然通风不良，易造成有毒有害、易燃易爆物质积聚或者氧含量不足的空间，如图 8-1 所示。这种空间并非设计用来给员工长时间在内工作的，存在一定可能的危险。

图 8-1　有限空间

有限空间作业是指作业人员进入有限空间实施的作业活动。在污水井、排水管道、集水井等可能存在中毒、窒息、爆炸风险的有限空间内从事施工或者维修、排障、保养、清理等的作业统称为有限空间作业，如图 8-2 所示。

图 8-2　有限空间作业

8.1.2　建筑施工有限空间作业种类

有限空间种类很多，大致可归纳为以下 3 类：

（1）密闭设备：指贮罐、塔（釜）、管道等。

（2）地下有限空间：包括地下管道、地下室、地下仓库、地下工程、暗沟、隧道、涵洞、地坑、废井、污水池（井）、沼气池及化粪池等。

（3）地上有限空间：包括贮藏室、垃圾站、料仓等封闭空间。

8.1.3　建筑施工有限空间作业危害的特点

由于有限空间作业存在一定的危险性，因此了解有限空间作业危害的特点对安全作业及预防事故的发生具有很大的帮助。

（1）有限空间作业属于高风险作业，如操作不当或防护不当可导致人员伤亡。

（2）有限空间存在的危害，大多数情况下是完全可以预防的。如加强培训教育，完善各项管理制度，严格执行操作规程，配备必要的个人防护用品和应急抢险设备等。

（3）发生的地点多样化，如管道、地下室、污水池（井）、化粪池、下水道等。

（4）一些危害具有隐蔽性并难以探测，如有限空间即使检测合格，在作业过程中，有限空间内的有毒有害气体浓度仍有增加和超标的可能。

（5）可能多种危害共同存在，如有限空间存在硫化氢危害的同时，还存在缺氧危害。

（6）某些环境下具有突发性，如开始进入有限空间检测时没有危害，但是在作业过程中突然涌出大量的有毒气体，造成急性中毒。

8.1.4　建筑施工有限空间作业的事故类型

有限空间作业人员遇到事故的原因在于未能认识到有限空间的危害。因此正确认识到进入有限空间时的缺氧窒息、中毒及爆炸等危险，有针对性地分析有限空间作业的危险因素，对有效采取预防、控制措施，减少人员伤亡事故具有十分重要的作用。

1. 缺氧窒息

因外界氧气不足或其他气体过多或者呼吸系统发生障碍而呼吸困难甚至停止呼吸，称作窒息。大气中的正常氧气含量为20.9%，氧气含量低于18%会危及人的生命。安全氧含量为正常大气压下空气中的最低氧含量19.5%（按体积）、最高氧含量23.5%（按体积）。另外，有一类单纯性窒息气体，其本身无毒，但由于它们的存在对氧气有排斥作用，且这类气体绝大多数比空气重，易在空间底部聚集，并排挤氧气空间，造成进入空间作业的人员缺氧窒息，如图8-3所示。常见的单纯性窒息气体包括二氧化碳、氮气、甲烷、氩气、水蒸气和六氟化硫等。

图8-3　有限空间缺氧窒息事故

导致缺氧的原因有：

（1）在全封闭区域内氧气已用完，且无充足的氧气供应（动火作业会加速氧气的消耗）；较高的氧气颗粒物、化学品或土壤的吸附。

（2）氧气被更重的其他气体置换排到外部，如一氧化碳、氮气等。

（3）氧气与其他原料反应产生另外的化合物，如有机或无机物的缓慢氧化反应。

（4）有限空间内长期通风不良，氧含量偏低。

（5）某些相连或接近的设备或管道的渗漏或扩散。

氧气是人体赖以生存的重要物质基础，缺氧会对人体多个系统及脏器造成影响。氧气含量不同，对人体的危害也不同。不同氧气含量对人体的影响见表8-1。

不同氧气含量对人体的影响　　　　　　　　　　　　　　　　　　　　表8-1

氧气含量（%）（体积百分比浓度）	对人体的影响
19.5	最低允许值
15～19.5	体力下降，难以从事重体力劳动，动作协调性降低，容易引发冠心病、肺病等
12～15	呼吸加重、频率加快，脉搏加快，动作协调性进一步降低，判断能力下降
10～12	呼吸加深加快，几乎丧失判断能力，嘴唇发紫

氧气含量（％） （体积百分比浓度）	对人体的影响
8～10	精神失常，昏迷，失去知觉，呕吐，脸色死灰
6～8	4～5min 通过治疗可恢复，6min 后 50％致命，8min 后 100％致命
4～6	40s 后昏迷，痉挛，呼吸减缓，死亡

2. 中毒

机体过量或大量接触有毒有害物质，引发组织结构和功能损害、代谢障碍而发生疾病或死亡者，称作中毒。有毒有害物质可以是原来就存在于有限空间内的，也可以是作业过程中逐渐积聚的，比较常见的有：硫化氢、一氧化碳、苯等。有限空间内有些有毒有害气体是无色无味的，容易使作业人员放松警惕，引发中毒、窒息事故。而有些有毒有害气体浓度高时对神经有麻痹作用，反而不易被嗅到。作业人员中毒、窒息发生在瞬间，数分钟、甚至数秒钟就会导致死亡，如图 8-4 所示。

图 8-4　有限空间中毒事故

有限空间中的有毒物质主要来自以下几种情况：

（1）有限空间内存储的有毒化学品残留、泄漏或挥发。

（2）有限空间内的物质发生化学反应，产生有毒物质，如有机物分解产生硫化氢。

（3）某些相连或接近的设备或管道的有毒物质渗漏或扩散。

（4）作业过程中引入或产生有毒物质，如焊接、喷漆或使用某些有机溶剂进行清洁。

有毒物质对人体的伤害主要体现在刺激性、化学窒息性及致敏性方面，其主要通过呼吸吸入、皮肤接触进入人体，再经血液循环，对人体的呼吸、神经、血液等系统及肝脏、肺、肾脏等脏器造成严重损伤。短时间接触高浓度刺激性有毒物质，会引起眼、上呼吸道刺激、中毒性肺炎或肺水肿，以及心脏、肾脏等脏器病变。接触化学性、窒息性有毒物质会造成细胞缺氧窒息。

3. 燃爆

氧气含量大于 23.5％时即为富氧环境。在任何富氧环境，燃烧以及爆炸都存在极大的可能性，需要特殊的安全预防。有限空间内发生火灾、爆炸，往往瞬间或很快耗尽有限空间的氧气，并产生大量的有毒有害气体，造成严重后果，如图 8-5 所示。

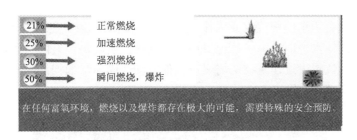

21%	→	正常燃烧
25%	→	加速燃烧
30%	→	强烈燃烧
50%	→	瞬间燃烧，爆炸

在任何富氧环境，燃烧以及爆炸都存在极大的可能，需要特殊的安全预防。

图 8-5　有限空间氧含量导致燃爆的过程

可燃气体的泄漏、可燃液体的挥发和可燃固体产生的粉尘等和空气混合后，遇到电弧、电火花、电热、设备漏电、静电、闪电等点火能源后，高于爆炸上限时会引起火灾，在有限空间内可燃性气体容易积聚达到爆炸极限，遇到点火源则造成爆炸，造成对有限空间内作业人员及附近人员的严重伤害。常见的易燃易爆物质的爆炸极限见表 8-2。

常见的易燃易爆物质的爆炸极限　　　　　　　　　　　　　　表 8-2

序号	名称	爆炸下限	爆炸上限
1	甲烷	5.0%	15.0%
2	氢气	4.0%	75.6%
3	苯	1.45%	8.0%
4	甲苯	1.2%	7.0%
5	二甲苯	1.1%	7.0%
6	硫化氢	4.3%	45.5%
7	一氧化碳	12.5%	74.2%
8	氰化氢	5.6%	12.8%
9	汽油	1.3%	6.0%
10	铝粉末	58.0g/m³	—
11	木屑	65.0g/m³	—
12	煤末	114.0g/m³	—
13	面粉	30.2g/m³	—
14	硫黄	2.3g/m³	—

有限空间内易燃易爆物质主要来源于以下几个方面：
（1）有限空间中易燃易爆气体或液体的泄漏和挥发。
（2）有机物分解，如生活垃圾分解等产生甲烷。
（3）作业过程中引入的，如使用乙炔气焊接等。
（4）空气中的氧气含量超过 23.5% 时，形成了富氧环境。高浓度的氧气会造成易燃易爆物质的爆炸下限降低、上限提高，增加了爆炸的可能性，以及增大了可燃性物质的燃烧程度，导致非常严重的火灾危害。

燃烧爆炸会对作业人员产生非常严重的影响。燃烧产生的高温会引起皮肤和呼吸道烧伤；燃烧产生的有毒物质可致中毒，引起脏器或生理系统的损伤；爆炸产生的冲击波可引起冲击伤，产生物体破片或砂石可导致破片伤和砂石伤等。

4. 淹溺与坍塌掩埋

当有限空间内有积水、积液，或因作业位置附近的暗流或其他液体渗透或突然涌入，导致作业空间内液体水平面升高，甚至封堵撤离通道，引起正在有限空间内作业的人员淹溺。有限空间作业位置附近建筑物的坍塌或其他流动性固体（如泥沙等）的流动时，容易引起作业人员被掩埋，如图 8-6 所示。

图 8-6　有限空间坍塌掩埋事故

淹溺导致作业人员窒息、缺氧，如图 8-7 所示。另外，无论化粪池或污水池的淹溺，由于作业人员的肺内污染及胃内呕吐物反流等原因，可导致支气管及肺部继发感染，甚至造成多发性脓肿。

图 8-7　有限空间淹溺事故

5. 物理危害

进行有限空间作业可能造成的物理危害包括：机械伤害、电气危害、噪声危害、辐射危害、高空坠落（如垂直通道口的坠落危险）、触电及其他危害（如有限空间内的人工搬运作业)。有限空间内使用机械设备、进行气割作业等,在遵守该作业相关操作规程的同时,应首先符合有限空间作业要求。

触电事故包括雷电、静电、漏电,以及触电伤害、电弧烧伤等事故。在有限空间中,由于空间范围狭窄,空气潮湿以及电气设备和电缆易受砸压而使绝缘损坏,所以作业环境内极易发生人身触电、漏电及短路故障。漏电电流的长期存在会使雷管提前引爆,电器设备长期超载容易引起火灾,漏电及短路故障容易引起粉尘爆炸,成为导致有限空间其他事故的源头。

当通过人体的电流数值超过一定值时,就会使人产生针刺、灼热、麻痹的感觉;当电流进一步增大至一定值时,人就会产生抽筋,不能自主脱离带电体;当通过人体的电流超过50mA时,就会使人的心脏停止跳动,从而死亡。

高处坠落可导致作业人员脑部或内脏损伤而致命,或使四肢、躯干、腰椎等部位受冲击而造成重伤致残。

机械伤害可引发人体多部位受伤,如头部、眼部、颈部、胸部、腰部、脊柱、四肢等,造成外伤性骨折、出血、休克、昏迷,严重的会直接导致死亡。

8.2 建筑施工有限空间作业体验

本项目设置了密闭空间作业环境,展示了各类密闭空间作业使用的防护工具及使用方法。体验者通过进入模拟有限空间作业环境,感受其中可能存在的危害,提高自身防范意识。体验项目如图8-8所示。

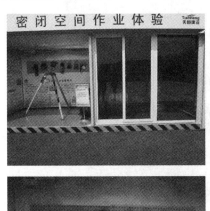

图8-8 有限空间体验设施

1. 体验要求和流程

（1）培训师向体验者讲解防毒面罩和三脚架的正确使用方法，以及分类用途。

（2）探测有限空间危险作业场所的空气质量是否符合安全要求。

（3）选取体验者进行防护防毒面罩，培训师协助体验者佩戴好防毒面罩，并检查有无漏气，如图 8-9 所示。

图 8-9　有限空间作业防毒面罩正确佩戴

（4）体验者爬行进入模拟受限空间内部，如图 8-10 所示，培训师遥控控制释放无毒烟气，营造危险的施工作业环境。

图 8-10　进入有限空间示意图

（5）想象假使未佩戴防毒面罩在发生事故时可能带来的后果，从而预防事故的发生。

2. 体验注意事项

（1）使用前对设备进行全面检查。

（2）释放无毒烟气量控制在一定范围内，切勿过量。

（3）体验者爬出后，应及时调整呼吸，如有任何不适请立即告知培训师。

3. 体验知识点

（1）按照"先通风换气、再检测评估、后安排作业"的原则，凡要进入有限空间危险作业场所作业，必须根据实际情况事先测定其氧气、有害气体、可燃性气体、粉尘的浓度，符合安全要求后，方可进入。检测的时间不得早于作业开始前 30min，通风机、检测仪及气体检测如图 8-11～图 8-13 所示。

图 8-11　通风机

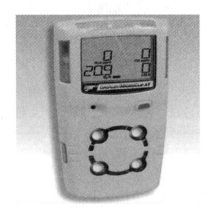

图 8-12　检测仪

图 8-13　有限空间气体检测

（2）作业过程中应对作业空间进行定时检测或实时检测，而在作业环境条件可能发生变化时，应对作业场所中的危害因素进行持续或定时检测。作业人员工作面发生变化时，视为进入新的有限空间，应重新检测后再进入。

（3）确保有限空间危险作业现场的空气质量。正常时氧含量为 18％～22％，短时间作业时必须采取机械通风；有限空间空气中可燃性气体浓度应低于爆炸下限的 10％。

（4）如果在有限空间内的氧气浓度低于 19.5％，那么在进入这些空间之前必须进行通风。将外部新鲜空气吹入此类空间稀释并驱除内部污染物，并向内部空间提供氧气。绝对不可以使用纯氧直接为限制场所做通风，应选择洁净的空气作为通风来源。

（5）有害有毒气体、可燃气体、粉尘容许浓度必须符合国家标准的安全要求，如果高于此要求，应采取机械通风措施和个人防护措施。

（6）进入有限空间危险作业场所，可采用动物（如白鸽、白鼠、兔子等）试验方法或其他简易快速检测方法作辅助检测。根据测定结果采取相应的措施，在有限空间危险作业场所的空气质量符合安全要求后方可作业，并记录所采取的措施要点及效果。

（7）当有限空间内存在可燃性气体和粉尘时，所使用的器具应达到防爆的要求。

（8）当有害物质浓度大于 IDLH 浓度或虽经通风但有毒气体浓度仍高于《工作场所有害因素职业接触限值　第 1 部分：化学有害因素》GBZ 2.1 所规定的要求，或缺氧时，应当按照《呼吸防护用品的选择、使用与维护》GB/T 18664 要求选择和佩戴呼吸性防护用品。

（9）进入有限空间作业时，必须要安排专人现场监护。监护人员应掌握有限空间进入人员的人数和身份，对进出人员和工机具进行清点，定时与进入者进行交流以确定其工作状态。当遇到紧急情况时，监护人员一定要寻求帮助。

（10）当发现缺氧或检测仪器出现报警时，必须立即停止危险作业，作业点人员应迅速离开作业现场。

（11）当发现有缺氧症时，作业人员应立即组织急救和联系医疗处理。

（12）在每次作业前，必须确认其符合安全并制定事故应急救援预案。

8.3　建筑施工有限空间作业规范及要求

（1）所有准入者、监护者、作业负责人、应急救援服务人员须经培训考试合格。

应保证所有的准入者能够及时获得准入，使准入者能够确信进入前的准备工作已经完成，准入时间不能超过完成特定工作所需时间（按时完成工作，离开现场，避免由于超时引起的危害）。

（2）对有限空间可能存在的职业病危害因素进行检测、评价。

（3）隔离有限空间注意事项：

封闭危害性气体或蒸气可能回流进入有限空间的其他开口。

采取有效措施防止有害气体、尘埃或泥土、水等其他自由流动的液体和固体涌入有限空间。

将有限空间与一切不必要的热源隔离。

（4）进入有限空间作业前，应采取水蒸气清洁、惰性气体清洗和强制通风等措施，对有限空间进行充分清洗，以消除或者减少存于有限空间内的职业病有害因素。

1）水蒸气清洁

适于有限空间内水蒸气挥发性物质的清洁。

清洁时，应保证有足够的时间彻底清除有限空间内的有害物质。

清洁期间，为防止有限空间内产生危险气压，应给水蒸气和凝结物提供足够的排放口。

清洁后，应进行充分通风，防止有限空间因散热和凝结而导致任何"真空"。在准入者进入高温有限空间前，应将该空间冷却至室温。

清洗完毕，应将有限空间内所有剩余液体适当排出或抽走，及时开启进出口以便通风。

水蒸气清洁过的有限空间长时间未启用，启用时应重新进行水蒸气清洁。

对腐蚀性物质或不易挥发物质，在使用水蒸气清洁之前，应用水或其他适合的溶剂或中和剂反复冲洗，进行预处理。

2）惰性气体清洗

为防止有限空间含有易燃气体或蒸发液在开启时形成有爆炸性的混合物，可用惰性气体（例如氮气或二氧化碳）清洗。

用惰性气体清洗有限空间后，在准入者进入或接近前，应当再用新鲜空气通风，并持续测试有限空间的氧气含量，以保证有限空间内有足够维持生命的氧气。

3）强制通风

为保证足够的新鲜空气供给，应持续强制性通风。

通风时应考虑足够的通风量，保证稀释作业过程中释放出来的危害物质，并满足呼吸供应。

强制通风时，应将通风管道伸延至有限空间底部，有效去除大于空气比重的有害气体或蒸汽，保持空气流通。

一般情况下，禁止直接向有限空间输送氧气，防止空气中氧气浓度过高导致危险。

（5）设置必要的隔离区域或屏障或有限空间作业告知牌，如图8-14所示。

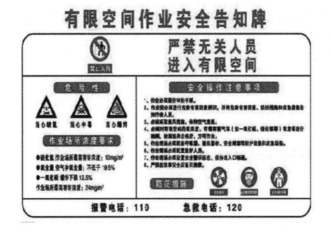

图8-14 有限空间作业安全告知牌

（6）保证有限空间在整个准入期内始终处于安全卫生受控状态。

（7）有限空间使用安全电压是国家强制规定，根据不同的有限空间可分为36V、24V、12V。金属容器及潮湿空间内的照明电压不得超过12V。电焊机等用电设备不得进入有限空间内。有限空间内必须使用安全电压或带有双重绝缘保护的手持电动工具，电缆线在有限空间内必须做好架空及绝缘，严禁浸泡在水中。

（8）有限空间的作业一旦完成，所有准入者及所携带的设备和物品均已撤离，或者在有限空间及其附近发生了准入所不容许的情况，要终止进入并注销准入证。

用人单位应将注销的准入证至少保存一年；在准入证上记录在进入作业中碰到的问题，以用于评估和修订有限空间作业准入程序。

8.4　建筑施工有限空间作业典型事故案例分析

8.4.1　井下维修作业事故案例

1. 案例简介

2013 年，北京某公司两名工人进入消防井维修作业时晕倒，1 名工人经抢救无效死亡，1 名工人受伤。后经丰台疾控中心现场检测，井底氧含量为 1.6%，死亡原因为缺氧窒息。

2. 原因分析

有限空间长期处于封闭或半封闭状态，有限空间出入口有限，自然通风不良，易造成有毒有害物质积聚或氧含量不足。这些有毒有害物质很容易造成中毒、缺氧窒息，最后造成危险事故的发生。

8.4.2　井下拆除作业事故案例

1. 案例简介

2013 年 8 月 24 日 14 时许，北京某公司在清华大学紫荆公寓，3 名工人进入供暖井拆除新建小室模板时晕倒，后经消防官兵抢救，1 名工人经抢救无效死亡，两名工人受伤。死亡原因为缺氧窒息。

2. 原因分析

有限空间狭小，通风不畅，不利于气体扩散。有些有毒有害气体是无味的，易使作业人员放松警惕，引发中毒、缺氧窒息事故。

8.4.3　井下打堵作业事故案例

1. 案例简介

2005 年，某市政工程有限责任公司在对污水顶管工程进行打堵作业时，发生一起中毒和窒息事故，造成 2 人死亡。

2005 年，该公司第三项目部项目经理王某安排某劳务有限责任公司项目经理，于当晚对污水顶管工程污水井进行降水，次日白天进行打堵作业。当晚 21 时左右，王某到现场口头将工作交代给劳务公司项目部领工员季某后，便离开现场。当晚领工员季某在带领工人基本完成管线降水后，在没有采取检测及防护措施的情况下，违反《市政工程安全操作规程》，于 6 月 1 日 23 时 45 分提前安排民工赵某进行打堵作业。赵某下井后被毒气熏倒，井上作业人员黄某未采取任何措施下井施救，也晕倒在井下，造成 2 人死亡。

2. 原因分析

井下有毒有害气体浓度超标，作业人员素质偏低、安全防范意识严重不足，不了解有限空间危害因素和如何进行正确防护，作业前，作业人员未对空间进行气体检测，或未进行通风处理而且在未采取安全防护措施的情况下，就擅自违章作业。还有些作业人员明知有限空间危险性大，却为贪图省事，抱着侥幸心理，省略必要的预控控制措施。此外，当发生事故时，地面人员缺乏自我防护意识，不顾自身安全冒险施救，往往造成事故伤亡数字扩大。

8.4.4 事故原因总结及预防要点

1. 事故原因总结

通过对上述有限空间作业事故的案例分析，导致有限空间作业事故的主要原因是有毒有害气体浓度超标，作业前，作业人员未进行气体检测、在未采取安全防护措施的情况下，擅自违章作业。

有限空间存在的危险有害因素主要有缺氧窒息、中毒、燃爆、高处坠落、溺水、触电等。

有限空间易引发事故，除了自身存在多种有害因素，危险性大外，安全检测及防护措施不到位是重要原因之一。此外，一些不正确的预防、防护措施同样可能导致事故发生，如盲目相信作业前的检测结果，而不再对作业过程中进行定期或实时检测，或在缺氧的环境下使用过滤式呼吸防护用品、选择与环境内有毒物质不匹配的防毒面具等。

2. 预防要点

（1）每次进入有限空间作业前，应对所有参与有限空间作业的人员再进行专题培训。未经有限空间安全教育培训合格人员，不得参加有限空间作业。

（2）必须在作业前进行有限空间作业的危险源辨识并提出安全及健康措施建议，以便明确任何危害情况或作业人员可能遇到的风险。

（3）根据工作特点给每一个作业人员配备个人防护用品，其最低配置要求应根据有限空间的潜在危险来决定。个体防护不能视为控制危害的主要手段，而只能作为一种辅助性措施。

（4）进行有限空间作业必须签订工作许可证，且最后一道签署人员是在现场确定所有必要的安全防护及救援措施到位后签订工作许可证。

（5）在有限作业空间内进行动火作业的，还需履行动火审批手续。动火作业监护人员与有限空间作业监护人员必须分开配置。

（6）现场相关管理人员、作业人员等都应熟知应急预案内容和救护设施使用方法。要加强应急预案的演练，使作业人员提高自救、互救及应急处置的能力。

9 建筑施工动土作业体验培训

近年来随着城市建设的飞速发展，对地下空间的利用越来越大，随之而来的基坑工程不断增加，相应的基坑施工坍塌事故比例呈上升趋势，特别是地铁施工、地下管廊施工过程中坍塌事故频繁发生。基坑施工坍塌事故往往会造成人员重大伤亡和巨大经济损失，而且应急救援比较困难。

9.1 建筑施工动土作业介绍

9.1.1 建筑施工动土作业类型

动土作业是指在生产、作业区域使用人工或推土机、挖掘机等施工机械，通过移除泥土形成沟槽、坑或凹地的挖土、打桩、掘井、钻孔、地锚入土等深度在 0.5m 以下的作业。按照不同的标准可把动土作业划分为多种类型。图 9-1 为施工现场动土作业实例图。

图 9-1　施工现场挖掘作业实例图

1. 按作业主体分

机械挖掘作业：使用挖掘机、推土机、压路机等施工机械进行的挖掘、填土、平整作业场地的作业。

人工挖掘作业：即使用铁锹、铁锨等进行的挖掘作业。

2. 按作业方式分

明挖：明挖法指的是地下结构工程施工时，从地面向下分层、分段依次开挖，直至达到结构要求的尺寸和高程，然后在基坑中进行主体结构施工和防水作业，最后回填恢复地面。

暗挖：暗挖法是即不挖开地面，采用在地下挖洞的方式施工。矿山法和盾构法等均属暗挖法。

3. 按作业客体分

坑：坑的宽度和长度尺寸相差不多，其深度不等，但通常小于最小的边长。坑一般用来埋设地下罐、安置顶管机械和跨度。坑实例图如图9-2所示。

沟：沟是长、窄形的，并且深度大于其宽度，且沟的宽度不大于5m。沟一般用来埋设地下管线、导管、电缆或无地下室的建筑物地脚。沟实例图如图9-3所示。

图9-2　坑实例图

图9-3　沟实例图

9.1.2　建筑施工动土作业风险

动土作业具有特殊的危险性，尤其在土质疏松和地下水丰富的地区，容易发生土方坍塌事故，从建筑业的发展历程来看，动土作业引起的事故类型主要有土方坍塌、支撑体系的坍塌、建筑物及路面塌陷等。轻者影响施工进度和工程造价，重者危及周边建筑物的安全，甚至危及人民群众的生命财产安全。土方坍塌发生在基础工程施工管沟或基坑工程中，在挖土方工程中，由于没有按照国家建筑施工规范的要求放坡或设置临时防护支撑，导致当挖至一定深度时，土方发生坍塌；支撑体系的坍塌是指支撑体系的脚手架、模板等未能达到相应标准引起的坍塌；地面塌陷是指地表岩、土体在自然或人为因素作用下，向下陷落，并在地面形成塌陷坑（洞）的一种地质现象。土方坍塌事故如图9-4所示。

图9-4　土方坍塌事故图

每年成百上千的人死于动土作业中，每年上万人在动土作业中受伤，而大多数死亡事故的发生是在看上去安全的情况下，完全没有警报时瞬间发生的。绝大多数坍塌事故发生在3m以下深的壕沟。动土作业常见的风险主要有以下几种：

1. 周围环境的突变对基坑的冲击在施工中难以预料和控制

（1）基坑工程施工周期长，从开挖到完成地面以下的全部隐藏工程，常需经历多次降雨、周边堆载，振动，施工失当等许多不利条件，事故发生的随机性较大。

（2）基坑开挖过程中，对工程周边环境可能施加的活载荷（如挖土及运土机械，预留回填土等）未加考虑，或设计考虑与施工实际情况不符，以及恶劣气候等，都属于环境影响风险因素。

（3）相邻场地的基坑施工，如打桩、降水、挖土等各项施工环节都会产生相互影响与制约，增加事故隐患。

（4）在软土、高水位及其他复杂场地条件下开挖基坑，更容易产生土体滑移、基坑失稳、桩体变位、坑底隆起、严重涌水流土以致破损等隐患。

2. 基坑降水问题

对基坑降水认识不足、重视程度不够也是常见的隐患问题。地下水处理不当导致深基坑事故的教训比较多。客观上，基坑工程降水存在矛盾，地下水位降低了，对深基坑支护有利，但对周边环境不利；但如果不降低地下水位，对保护周边环境有利，但对深基坑的支护则不利。过度降水，或者未采取回灌等措施，导致基坑周边土体水土大量流失而使地面非正常沉降，危及附近建筑物的安全。

反之，一些施工者以不影响基坑施工为原则，忽略基坑护壁中土体含水量增加对护壁安全的影响，导致护壁坍塌事故时有发生，特别是土钉支护护壁，由于投入相对较少，是施工单位常用的护壁形式，但由于土钉支护必须配以挂网喷射混凝土面层，施工时往往不注意混凝土面层泄水管的设置，漏设、少设，或者设而不通，形同虚设。一旦遇雨，浸入周边土体内的水不能排除，形成基坑护壁的安全隐患。图9-5所示为土钉支护护壁示意图。

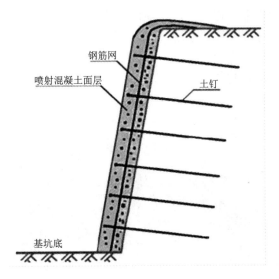

图 9-5 土钉支护护壁示意图

3. 施工程序问题

深基坑挖土设计中经常对挖土施工程序有所要求,并以此来减少支护变形,并要求在土方开挖前进行图纸交底和技术交底,而实际施工中往往忽略了这一程序,抢施工进度,图局部效益,立即进行土方开挖。

一般情况下,土方开挖和基坑支护是两个班组分包施工,班组之间缺乏协调,土方开挖班组为抢进度,不按顺序开挖,甚至不顾基坑挡土支护施工所需工作面,留给基坑支护施工的操作面几乎无法操作,时间上也无法完成支护工作;有些施工单位在深基坑开挖作业时,基坑的面积、深度均未达到图纸要求便开始设置支护结构,阻碍了深层土层结构的开挖操作;有些基坑支护施工班组技术力量差,对基坑工程的工艺流程不熟悉,盲目地对基坑侧壁或四周进行加固处理,并且转包现象比较普遍,现场管理混乱,为了追求利益随意修改基坑围护设计,降低安全储备,埋下隐患。

4. 基坑的使用,维护问题

基坑虽然属于临时工程,但其使用时间还是具有一定的期限的,尤其是深基坑使用时间更长,在此使用期间内,必须注意安全使用并进行必要的监测和维护,一些施工单位往往对基坑工程抱有一劳永逸的错误认识,因此忽视基坑使用过程中护壁、土体及施工周边环境的动态变化,产生安全隐患。

5. 其他隐患问题

当深基坑采用内支撑体系时,其支撑体系的安装和拆除,都是容易发生事故的环节,特别是拆除环节。由于支撑或者基坑已经完成其使用功能,因此最容易使施工人员轻视,忽略拆除过程的施工顺序和安全技术交底,而酿成事故。图 9-6 所示为土方坍塌危险示意图。

为了尽可能减少基坑坍塌事故造成的损失,本书总结发生土方坍塌前的主要迹象,以便为人员及设备紧急撤离相应区域赢得时间,其迹象主要如下:

（1）基坑周围出现裂缝并不断扩展;

（2）支撑系统发出挤压等异常响声;

（3）支护体系顶部水平位移较大，并持续发展；

（4）相当数量土层锚杆的锚透松动；

（5）支护体系出现局部失稳；

（6）大量水土不断涌入基坑。

图 9-6　土方坍塌危险示意图

9.2　建筑施工坍塌事故体验项目

挡土墙倾倒体验项目通过模拟墙体、边坡、大模板等倾倒坍塌场景，加深体验者对施工现场易出现坍塌部位及相关预防知识的印象，并指导体验者遭遇坍塌时的自救与自护方法。体验项目如图 9-7 所示。

图 9-7　挡土墙倾倒体验设施

1. 体验要求和流程

通过体验，认知挡土墙坍塌的危险性，掌握挡土墙坍塌时正确的逃生方法。

（1）体验者双手紧抱住头部，靠近模拟挡土墙根部，呈下蹲姿势；

（2）启动装置后，模拟挡土墙向下倾倒，正确逃生方向是体验者需沿挡土墙根部快速逃生；

（3）培训师强调纠正错误向外逃生方向。

2. 体验注意事项

体验前对设备进行全面检查。体验前培训师做好正确逃生示范动作。其体验姿势如图9-8所示。

图 9-8　挡土墙倾倒体验

3. 体验知识点

（1）作业前，应检查工具、现场支撑是否牢固、完好，发现问题应及时处理。

（2）开挖宜自上而下分段依次进行，并应确保施工作业面不积水。严禁在滑坡的抗滑段通长大断面开挖。严禁随意开挖坡脚。严禁随意开挖坡脚示意图如图9-9所示。

图 9-9　严禁随意开挖坡脚

（3）作业人员多人同时挖土应相距在2m以上，防止工具伤人。作业人员发现异常时，应立即撤离作业现场。

（4）作业现场应保持通风良好，并对可能存在有毒有害物质的区域进行监测。发现有毒有害气体时，应立即停止作业，待采取了可靠的安全措施后方可作业。

（5）多台打夯机同时作业时，打夯机之间应保持5m以上横向距离，10m以上纵向安全距离。作业人员多人同时挖土应相距在2m以上，防止工具伤人。其示意图如图9-10所示。

图 9-10　施工机械间需保持安全距离

（6）在危险场所动土时，应有专业人员现场监护，当所在生产区域发生突然排放有害物质时，现场监护人员应立即通知动土作业人员停止作业，迅速撤离现场，并采取必要的应急措施。

（7）配合机械设备作业的人员，应在机械设备的回转半径以外工作；当在回转半径内作业时，必须有专人协调指挥。例如图 9-11 所示，机械旋转半径内禁止随意穿行。

图 9-11　机械旋转半径内禁止随意穿行

（8）作业人员严禁站在石块滑落的方向撬挖或上下层同时开挖。

（9）所有人员不准在坑、槽、井、沟内休息。

（10）作业时应戴安全帽，坑、槽、井、沟上端边沿不准人员站立、行走。作业人员在陡坡上作业应系安全绳。

（11）在挖方的边坡上如发现岩（土）内有倾向挖方的软弱夹层或裂隙面时，应立即停止施工，并应采取防止岩（土）下滑措施。

（12）动土中如暴露出电缆、管线以及不能辨认的物品时，应立即停止作业，妥善加以保护，报告动土审批单位处理，经采取措施后方可继续动土作业。图 9-12 所示为挖掘作业中对管线的防护。

图 9-12　挖掘作业中管线防护

（13）当基坑使用过程中出现下列情况时，应立即停止施工，并对基坑支护结构和周边环境保护对象采取处置措施：

1）当现场监测数据达到基坑环境变形限值。

2）基坑支护结构或周边土体的位移出现异常情况或基坑出现渗漏、流沙、管涌、隆起或陷落等。

3）基坑支护结构的支撑或锚杆体系出现大变形、压屈、断裂、松弛或拔出的迹象。

4）周边建筑物的结构部分、周边地面出现可持续发展的不均匀沉降或较严重的开裂、塌陷等。

5）据当地工程经验判断，出现其他事故征兆时必须应急处理的情况。

（14）作业结束后，应将机械设备停到安全地带。操作人员非作业事件不得停留在机械设备内。

（15）当被埋在坍塌的建筑物中时，身体姿势不要仰面，而是转过身呈俯卧姿势，同时头部不能贴地，尽量爬到能让头部安全的地方。此时要用双手支撑，扩大身体的空间，侧身也可以。

（16）要保护好鼻子和嘴巴，不能让尘土吸进鼻子。如果有可能，可以找到一条毛巾，等烟尘过后再拿下。当被废墟埋压，要尽量保持冷静和保存体力，切勿大喊大叫。

9.3　建筑施工动土作业规范及要求

9.3.1　土方开挖规范及要求

（1）边坡开挖前应设置变形监测点，定期监测边坡的变形。其监测点分为水平位移监测点如图 9-13 所示，竖直位移监测点如图 9-14 所示。

（2）遵循先整治后开挖的施工程序，在挖方的上侧和回填土尚未压实或临时边坡不稳定的地段不得停放、检修施工机械和搭建临时建筑。

（3）在基坑周边 1 倍基坑深度范围内建造临时住房或仓库时，应经基坑支护设计单位

图 9-13　水平位移监测点

图 9-14　竖直位移监测点

允许，并经施工企业技术负责人、工程项目经理批准，方可实施。基坑开挖及施工过程中不得随意破坏结构节点。

（4）滑坡地段进行挖方时，不得破坏开挖上方坡体的自然植被和排水系统，应先做好地面和地下排水设施，严禁在滑坡体上部堆土、堆放材料、停放施工机械或搭设临时设施。

（5）临时性挖方边坡效率应符合相应的规范要求。图 9-15 为放坡示意图。

图 9-15　放坡示意图

（6）要视土壤性质、湿度和挖掘深度设置安全边坡或固壁支撑。当使用便携式木梯或便携式金属梯时，应符合《便携式木折梯安全要求》GB 7059 和《便携式金属梯安全要求》GB 12142 要求。基坑四周每一边，应设置不少于 2 个人员上下坡道或爬梯，不得在坑壁上掏坑攀登上下。图 9-16 所示为上下基坑走马道或者爬梯示意图。

图 9-16　爬梯示意图

（7）对坑、槽、井、沟边坡或固壁支撑架应随时检查，特别是雨雪后和解冻时期，如发现边坡有裂缝、疏松或支撑有折断、走位等异常危险征兆，应立即停止工作，并采取可靠的安全措施。

（8）挖出的泥土堆放处所和堆放的材料至少应距坑、槽、井、沟边沿0.8m，高度不得超过1.5m。坑边严禁重型车辆通行。当支护设计中已考虑堆载和车辆运行时，必须按设计要求进行，严禁超载。相关区域标识线如图9-17所示。

图9-17　红线区域内禁止堆放物料

（9）雨期施工中，应随时检查施工场地和道路的边坡被雨水冲刷情况，做好防止滑坡、坍塌工作，保证施工安全。

（10）支护设施拆除应按施工组织设计的方案规定进行。一般情况下应采用自上而下，随填土进程，填一层拆一层，不得一次拆到底。更换支撑时，应先装新的，后拆旧的。

（11）开挖至设计坡面及坡脚后，应及时进行支护施工，尽量减少暴露时间。边坡支护的实例如图9-18所示。

（12）在开挖作业过程中遇到下列情形之一时应立即停止作业：

图9-18　边坡支护措施实例图

1）填挖区土体不稳定、有坍塌可能。

2）地面涌水冒浆，出现陷车或因下雨发生坡道打滑。

3）发生大雨、雷电、浓雾、水位暴涨及山洪暴发等情况。

4）施工标志及防护设施被破坏。

5）工作面净空不足以保证安全作业。

6）出现其他不能保证作业和运行安全的情况。

9.3.2 基坑临边维护规范及要求

开挖的深基坑，容易发生高处坠落事故，因此需要采取相应措施预防坠落事故发生。基坑临边防护如图 9-19 所示。施工现场需要采取措施如下：

图 9-19　基坑临边防护实例图

（1）基坑工程应在四周设置高度大于 0.15m 的防水围挡，深度超过 2m 的基坑施工必须有不低于 1.2m 的临边防护栏杆，防护栏杆埋深不应小于 0.60m，栏杆柱距不得大于 2.0m，距离坑边水平距离不得小于 0.50m。

（2）防护栏杆内侧满挂密目安全网，防护外侧设置 200mm 高踢脚板。防护栏杆和踢脚板刷红白或黄黑相间安全警戒色，警示色间距为 300～400mm，防护栏杆外侧应悬挂警示标识。基坑围栏及警示标志设置如图 9-20 所示。

（3）一旦在开挖处完成相关工作，施工单位应尽快回填，避免明挖基坑构成危险。

（4）如果在开挖作业面邻近操作移动设备，应采用路障、手势或机械信号对移动设备进行警示。

（5）在人员可能需要跨过的开挖或深沟之处，应设人行过道，过道须设两道护栏和踢脚板。

图 9-20　基坑临边防护

（6）晚上进行开挖作业时现场照明必须充分，若有必要，须在整个开挖作业点周围设置反光的安全警示带或足够数量的警告指示灯，并保持良好状况。基坑照明装置如图 9-21所示。

图 9-21　基坑照明装置示意图

（7）动土作业施工现场应根据需要设置护栏、盖板和警告标志，夜间应悬挂红灯示警。常用警示物品如图 9-22 所示。

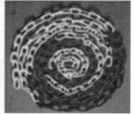

图 9-22　常用警示物品

（8）施工结束后应及时回填土，并恢复地面设施。向沟槽内倒土时应使用溜槽，如图9-23 所示。

图 9-23　回填示意图

9.3.3　防排水规范及要求

（1）基坑的上下部和四周必须设置排水系统，流水坡向及坡率应明显和适当，不得积水。基坑上不排水沟与基坑边缘的距离应大于 2m，排水沟底和侧壁必须做防渗处理。基坑底部四周应设置排水沟和集水坑。基坑外侧排水沟尺寸应根据工程所在地周边环境及当地年降水量，经计算后确定。

（2）使用单位应有专人对及基坑安全进行巡查，每天早晚各一次，雨季应增加巡查次数，并应做好记录，发现异常情况应立即报告项目安全负责人，并通报基坑监测单位和基坑围护施工单位；应有专人检查基坑周围原有的排水管、沟，确保不得有透水漏水迹象；当地表水、雨水渗入土坡或挡土结构外侧土层时，应立即采取截、排等处置措施。

（3）雨期施工时，应有防洪、防暴雨的排水措施及应急材料、设备，备用电源应处在良好的技术状态。

（4）开挖低于地下水位的挖方时应确定排水或降水措施，并在地下部分施工的全过程中，有效地处理地下水，以防塌方。

（5）降水围护应符合下列规定：

1）降水期间应对抽水设备和运行状况进行维护检查，每天检查不应少于 3 次，并应记录水泵的工作压力、真空泵、电动机、水泵温度、电流、电压、出水等情况，发现问题及时处理，使抽水设备始终处于正常运行状态。期间降水不得随意停抽。

2）对所有的井点要有明显的安全保护标志，避免井点破坏，影响降水效果。

3）注意保护井口，防止杂物掉入井内，检查排水管、沟，防止渗漏，冬季降水应采取防冻措施。

4）根据基坑开挖深度和施工进度，按计划分期、分批开启降水井，做到按需降水。在更换水泵时，应测量井深，掌握水泵安装的合理深度，防止埋泵。

5）应掌握渗井的水位变化，当引渗井水位上升且接近基坑底部时，应及时洗井或做其他处理，使水位恢复到原有的深度。

6）发现基坑（槽）出水、涌砂，应立即查明原因，组织处理。

7）当发生停电时，应及时更新电源，保持正常降水。

8）基坑挖土时应保护好降水井底啊，避免井点破坏，影响降水效果。

（6）随时掌握天气变化情况，对施工现场原有排水系统进行检查、疏浚或加固，并采取必要的防洪措施。

9.3.4　其他规范及要求

（1）土方工程施工应由具有相应资质及安全生产许可证的企业承担。

（2）土方工程应编制专项施工安全方案。土方开挖专项施工方案的主要内容包括：放坡要求、支护结构设计、机械选择、开挖时间、开挖顺序、分层开挖深度、坡道位置、车辆进出道路、降水措施及监测要求等，并应严格按照方案实施。编制土方工程施工方案前应做好以下工作：

1）尽量收集工程地质和水文地质资料。

2）认证查明地上、地下各种管线（如上下水、电缆、煤气、污水、雨水、热力等管线或管道）的分布和形状、位置和运行状况。

3）充分了解和查明周围建筑物的状况。

4）充分了解和查明周围道路交通状况。

5）充分了解周围施工条件。

（3）当基坑开挖深度超过 3m（含 3m）或虽未超过 3m，但地质条件和周边环境复杂的基坑（槽）支护应编制专项支护方案。达到一定规模还应按规范要求组织专家论证支护方案。

（4）施工前应针对安全风险进行安全教育及安全技术交底。特种作业人员必须持证上岗，机械操作人员应经过专业技术培训。

（5）当夜间基坑施工时，设置的照明必须充足，灯光布局合理，防止强光影响作业人员视力，不得照射坑上建筑物，必要时应配备应急照明。基坑施工照明灯如图 9-24 所示。

图 9-24　基坑施工照明灯

（6）基坑开挖前，应根据专项施工方案应急预案中所涉及的机械设备和物质进行准备，确保完好，并存放现场便于随时立即投入使用。

（7）使用单位应对后续施工中存在的影响巨坑安全的行为及时制止，消除可能发生的安全隐患。

（8）土方施工机械设备进场前，应对现场和行进道路进行踏勘。不满足通行要求的地方应采取必要的措施。

（9）作业前，项目负责人应对作业人员进行安全教育。作业人员应按规定着装并佩戴合适的个体防护用品。施工单位应进行施工现场危害辨识，并逐条落实安全措施。

（10）动土临近地下隐蔽设施时，应使用适当工具挖掘，避免损坏地下隐蔽设施。

（11）雨期施工中道路路面应根据需要加铺炉渣、砂砾或其他防滑材料，确保施工机械作业安全。

（12）《作业证》的管理：

1）《作业证》由动土作业主管部门负责审批、管理。

2）动土申请单位在动土作业主管部门领取《作业证》，填写有关内容后交施工单位。

3）施工单位接到《作业证》后，填写《作业证》中有关内容后将《作业证》交动土申请单位。

4）动土申请单位从施工单位得到《作业证》后交单位动土作业主管部门，并由其牵头组织工程有关部门审核会签后审批。

5）动土作业审批人员应到现场核对图纸。查验标志，检查确认安全措施后方可签发《作业证》。

6）动土申请单位应将办理好的《作业证》留存，分别送档案室、有关部门、施工单位各一份。

7）《作业证》一式三联，第一联交审批单位留存，第二联交申请单位，第三联由现场作业人员随身携带。

8）一个施工点、一个施工周期内办理一张作业许可证。

9）《作业证》保存期为一年。

10）严禁涂改、转借《作业证》，不得擅自变更动土作业内容、扩大作业范围或转移作业地点。

9.4 事故案例

9.4.1 边坡支护未达标土方坍塌事故案例

1. 案例简介

2006年1月4日，黑龙江省哈尔滨市某经济适用住房工程发生一起基坑土方坍塌事故，造成3人死亡、3人轻伤。

事发当日18时左右，施工单位项目部在组织施工人员挖掘基坑时，靠近周边小区锅炉房一侧的杂填土发生滑落。为保证毗邻建筑物锅炉房和烟囱安全，21时施工单位开始埋设帷幕桩进行防护。23时，2名施工人员在基坑内进行帷幕桩作业时，突然发生土方坍塌，将其中1人埋入坍塌土方中，坑上人员立即下坑抢救，抢救过程中发生二次土方坍塌，导致人员伤亡。现场事故如图9-25所示。

图 9-25 事故现场图

2. 事故原因

（1）施工单位未按施工程序埋设帷幕桩，帷幕桩抗弯强度及刚度均未达到《建筑基坑支护技术规程》JGJ 120 的要求；

（2）在进行帷幕桩作业时，未采取安全防范措施；

（3）毗邻建筑物（锅炉房）一侧杂填土密度低于其他部位，在开挖土方和埋设帷幕桩时，对杂填土层产生了扰动，进一步降低了基坑土壁的强度，导致坍塌事故发生；施工单位在抢险救援过程中措施不力，致使事故灾害进一步扩大。

9.4.2 基坑边坡坍塌事故案例

1. 案例简介

2011 年 8 月 28 日 9 时 20 分左右，广东省信宜市某建筑工地发生一起深基坑坍塌事故，造成 6 人死亡、3 人受伤。

2011 年 8 月 25 日，项目负责人找来挖机老板等人对南侧边坡土体进行开挖。8 月 28 日上午，负责人指挥挖机司机在基坑南侧挖沟槽，同时请来 9 名扎铁工人（除 1 人外其余 8 人均是第一次到工地）准备绑扎护壁钢筋，现场还有一个施工队正在进行桩机作业，制作钢筋笼。7 时 30 分开始工作，扎筋工人先从仓库将钢筋搬到工地上，半个小时后，挖机司机开挖的沟槽已经形成（宽 1.5m，深约 2m）。此时，沟槽底部距离坡顶 5.06m，坑壁已呈近直立状态，坡顶上临时办公室距坑边仅 0.6m，项目负责人指挥 9 名扎筋工人下到沟槽绑扎钢筋。9 时 20 分左右，基坑南边的边坡土体突然失稳，连同坑边临时房屋大半坍塌滑落坑内，掩埋坑下扎筋作业的 9 名工人，造成 6 人死亡、3 人受伤。事故现场如图 9-26 所示。

图 9-26 事故现场图

2. 事故原因

（1）施工现场存在重大安全隐患，即在沙质软土坑边未作任何支护情况下，违章指挥挖掘机垂直开挖南侧沙质土坑边深度达 5.0～5.3m，基坑自重和上部建筑物荷载共同作用下发生剪切破坏失稳坍塌。

（2）施工公司在没有取得施工许可证的情况下，非法组织施工，对施工工人没有进行上岗前安全培训，对曾经出现的泥土下滑事故隐患未及时整改，强令工人冒险作业，终酿成事故。

9.4.3 违规作业土方坍塌事故案例

1. 案例简介

2009年3月19日13时35分，青海省西宁市发生坍塌事故，造成8人死亡，直接经济损失186.3万元。

2009年3月19日早晨施工组长安排14人在基坑底部开始搭设脚手架、支模板、打锚管、喷浆等工作。12时30分，先有10人离开工地吃午饭，13时20分重返工地，将正在施工的4人换回。13时35分，基坑上部土体忽然坍塌（坍塌范围：长度31.4m，高12.9m，边坡坍塌面积约405m²，土方坍塌量约400m³）。在脚手架上的8人被坍塌的土石方掩埋，造成8人死亡。2人因在底部地面送料，逃离及时，幸免于难。现场事故如图9-27所示。

图 9-27　事故现场图

2. 事故原因

（1）喷射的混凝土面层厚度不够（实际为55～65mm），没有竖向超前微型桩，不能保证基坑边坡的整体稳定。同时在现场施工中，未采取有效安全防范措施。并使用震动较大的冲击锤，造成已经解冻融化的土体失稳坍塌。

（2）没有按深基坑支护设计标准施工，特别是在对已发现基坑底部负坡后，没有采取有效措施排除隐患，继续冒险指挥施工。

（3）具体负责组织现场施工，在施工前及施工过程中没有进行安全教育及安全交底，对发现的基坑负坡没有采取有效措施排除隐患，冒险施工。

（4）事故发生地段上部为湿陷性黄土，下部为卵石层，黄土层含水率较高。已支护的边坡是在2008年土体冻结期完成的，2009年复工后，天气转暖，气温回升较快，土体解冻、土质松动、边坡土体失稳。

9.4.4 事故原因总结及预防要点

1. 事故原因总结

（1）基坑土方施工不合理。基坑施工属于地下隐蔽工程，其施工质量直接关系到建筑物的工程质量以及使用安全。基坑出现坍塌的部分原因是基坑施工不按图纸以及操作规程施工、施工管理混乱等。施工工艺水平、建筑原材料质量、施工机械化程度等方方面面的原因均可能成为基坑土方坍塌事故的直接或间接原因。部分施工单位基坑土方施工现场管理散乱，缺乏质量控制措施，安全控制管理制度缺乏落实，在施工过程中，缺乏科学合理的变形监测控制，施工单位管理人员以及监理单位人员轻视施工过程控制，不能及时制止违章操作，导致基坑施工出现质量问题造成安全事故。

（2）基坑围护体系选型不当以及支护设计不合理。现阶段，基坑坑壁的设置形式主要有放坡法与支护结构两种形式，坑壁的形式直接关系到基坑的安全，如果围护体系选择不恰当或者支护设计参数计算不正确，均有可能造成基坑施工出现安全隐患。

2. 预防要点

（1）开挖、沟槽、基坑等，应根据土质和挖掘深度等条件放足边坡坡度。如场地不允许放坡开挖时，应设固壁支撑或支护结构体系。挖出的土临时堆放距坑、槽边距离不得小于设计规定。开挖过程中，经常检查边壁土质稳固情况，发现有裂缝、疏松或支撑移动或松动，要随时采取措施。根据土质、沟深、地下水位、机械设备重量等情况，确定堆放材料和施工机械距坑槽边距离。

（2）严格遵守安全操作规程。下坑槽作业前，要查看边坡土方变化，如有裂缝的部分要及时排除危险。上下要走扶梯或马道，不在边坡爬上爬下，防止把边坡蹬塌。不准拆移土壁支撑和其他支护设施。

（3）经常查看边坡和支护情况，发现异常应及时采取措施，并通知地下作业人员撤离。作业人员发现边坡大量掉土，支护设施有响声时应立即撤离，防止土体坍塌造成伤亡事故。

（4）应按施工组织设计的方案规定进行施工。

10 建筑施工日常作业事故体验培训

建筑工人在施工现场流动作业，其涉及的作业类型、作业方式、作业部位、和作业行为变化较多，无论哪一种作业出现不安全行为，都有可能导致事故的发生。加强对工人日常作业行为的安全教育培训，提高作业人员行为安全性，可以大幅减少违章行为，消除事故隐患，杜绝伤亡事故的发生。

10.1 搬运重物体验

体验者可在指导下学习正确的搬运重物姿势和步骤，并进行体验学习，从而预防搬运重物造成的伤害。体验项目如图 10-1 所示。

图 10-1 搬运重物体验

1. 体验要求和流程

（1）目测重物的尺寸和重量，了解形状，边角尖锐，观察工作区域工作环境；

（2）向前一步走，一般是双脚分开，便于身体保持平衡；

（3）屈膝或者蹲下，腰部保持垂直；

（4）抓住货物的牢固把手，保持手的清洁、干燥，确保货物靠近身体；

（5）升高货物主要靠腿部力量，腰部平稳缓慢的升高，避免猛然用力和任何扭腰动作；

（6）放好货物并保持身体放松。

2. 体验注意事项

（1）培训师正确示范搬运动作要领，让工人看清看懂；

（2）强调几个步骤的发力点；

（3）重物箱子有一定重量即可，无需全重。

3. 几种错误示范（如图 10-2）

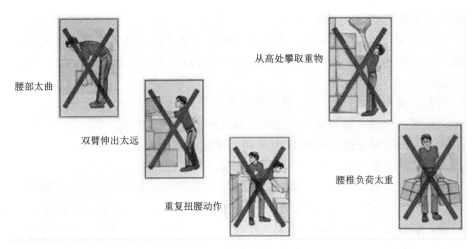

腰部太曲

双臂伸出太远

从高处攀取重物

重复扭腰动作

腰椎负荷太重

图 10-2 错误的搬运方式

10.2 急救演示体验

利用人体模型为体验者演示心肺复苏术等相关急救方法。体验者在体验时，演示器会给出各种提示，以便于体验者提高技术水平，真正达到熟练掌握心肺复苏术的操作要领。体验项目如图 10-3 所示。

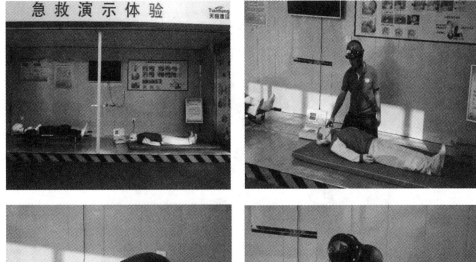

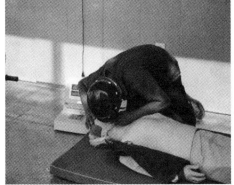
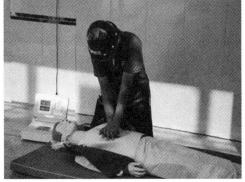

图 10-3 急救演示体验

体验要求和流程如下（如图 10-4）：

（1）评估意识：轻拍患者双肩、在双耳边呼唤（禁止摇动患者头部，防止损伤颈椎）。如果清醒（对呼唤有反应、对痛刺激有反应），要继续观察，如果没有反应则为昏迷，进行下一个流程。

（2）求救：高声呼救："快来人啊，有人晕倒了。"接着打 120 联系求救，立即进行心肺复苏术。注意：保持冷静，待 120 调度人员询问清楚再挂电话。

（3）检查及畅通呼吸道：取出口内异物，清除分泌物。用一手推前额使头部尽量后仰，同时另一手将下颏向上方抬起。注意：不要压到喉部及颌下软组织。

（4）人工呼吸：判断是否有呼吸。一看二听三感觉（维持呼吸道打开的姿势，将耳部放在病人口鼻处）。一看：患者胸部有无起伏；二听：有无呼吸声音；三感觉：用脸颊接近患者口鼻，感觉有无呼出气流。如果无呼吸，应立即给予人工呼吸 2 次，保持压额抬颏手法，用压住额头的手以拇指食指捏住患者鼻孔，张口罩紧患者口唇吹气，同时用眼角注视患者的胸廓，胸廓膨起为有效。待胸廓下降，吹第二口气。

（5）胸外心脏按压：心脏按压部位——胸骨下半部，胸部正中央，两乳头连线中点。双肩前倾在患者胸部正上方，腰挺直，以臀部为轴，用整个上半身的重量垂直下压，双手掌根重叠，手指互扣翘起，以掌根按压，手臂要挺直，胳膊肘不能打弯。一般来说，心脏按压与人工呼吸比例为 30：2。

图 10-4　心肺复苏术操作指导图

10.3　平衡木体验

通过设置平衡木模拟对平衡能力有要求的施工环境。平衡木还能用于检测体验者的平

192

衡能力，并结合醉酒眼镜进行酒后作业体验。体验项目如图 10-5 所示。

1. 体验要求和流程

（1）平衡木是体验自身平衡能力及动作的正确性，该项目共设直行线和"Z"形平衡木（如图 10-5）；

图 10-5　平衡木体验

（2）要求体验者佩戴好安全帽，上身保持直立，水平张开双臂，一次性正常通过平衡木。

2. 体验注意事项

体验者在体验过程中，匀速缓慢通过平衡木，以免速度过快落地不稳导致扭伤到脚踝。

3. 体验知识点

（1）检查肢体的应变能力；

（2）检测作业人员是否满足作业条件，尤其在醉酒、负重、疲劳、带伤的情况下，是否能控制自身平衡；

（3）避免人的不安全行为，正确应变应对突发事件，以达到预防安全事故发生的目的。

10.4　不良马道体验

施工马道的设置，就是为了便于施工人员的人行通道，便于小型机具物资转运，达到安全生产的便利目的。体验项目如图 10-6 所示。

1. 体验要求和流程

（1）讲师要求体验者按顺序依次踏上马道，双手扶住马道两边的栏杆；

（2）缓慢向上攀爬，体验者的双脚感受不规则的马道铺设木板所带来的身体行进不稳。

2. 体验注意事项

（1）体验者须缓慢向上攀爬，双手扶住马道两边栏杆；

（2）双脚必须在马道木板踩实后，再向上行进，避免脚下打滑摔落下去；

（3）讲师在楼上做好相应安全准备工作。

图 10-6　不良马道体验

3. 体验知识点

（1）马道铺设禁止使用有明显变形、裂纹和严重锈蚀的钢管扣件；

（2）马道检查做好警示及防腐，防止高空坠落及滑跌；

（3）马道两边栏杆不低于 1.2m，间距不大于 0.6m，踢脚不低于 0.18m，宽度不小于 0.3m，高度以 0.12～0.15m 为佳，达到安全舒适的目的；

（4）人行马道宽度不小于 1m，斜道的坡度不大于 1：3；运料马道宽度不小于 1.5m，斜道的坡度不大于 1：6；

（5）拐弯处应设平台，按临边防护要求设置防护栏杆及挡脚板，防滑条间距不大于 30cm。

10.5　整理整顿体验

针对施工现场经常会出现在安全通道堆放杂物的情况，其严重影响工作人员的正常通行，并带来一定的安全隐患等问题，要求体验者将安全通道内乱摆乱放的脚手板清理干净，保障通道畅通；体验有障碍通道和无障碍通道对人员通过的影响，目的是培养施工人员养成对场地施工设备进行整齐、有序的整理习惯。体验项目如图 10-7 所示。

（1）施工人员要按照每天的作业计划领用设备和材料，做到当天领当天用完。特殊情况下，设备、材料在现场的存放时间也不得超过 3 天。送电线路施工，应根据工程的具体情况，合理确定设备材料在现场的存放时间，保持现场整洁。

（2）设备、材料在现场一定要码放整齐成形，切忌横七竖八，乱摊乱放。

（3）工具和材料、废料要放在不会给他人带来危险的地方，更不能堵塞通道。

（4）现场使用的链条葫芦、千斤绳等工器具，不用时要挂放或摆放整齐。

（5）设备开箱要在指定的地点进行，废料要及时清理运走。

（6）木板上、墙面上突出的钉子，螺丝钉要及时割除，以免给自己和他人带来危害。

（7）现场工作间、休息室、工具室要自始至终地保持清洁、卫生和整齐。

（8）上道工序交给下道工序的作业面，要进行彻底的清理整顿，打扫干净。

图 10-7　整理整顿图

（9）自觉保护设备、构件、地面、墙面的清洁卫生和表面完好，防止"二次污染"和设备损伤。

（10）主管要每天安排或检查作业场所的清理整顿工作，作业面做到"工完料尽场地清"，整个现场做到一日一清，一日一净。

（11）要自觉协助保持现场卫生设施、饮水设施等的清洁和卫生。

10.6　安全通道体验

施工现场安全通道是保证工人安全的重要措施，是为工人行走、运送材料和工具等设置的。该体验目的是加强工人对安全通道重要性的认识。体验项目如图 10-8 所示。

不良通道

安全通道

图 10-8　安全通道体验

1. 体验要求和流程

（1）讲师首先要求体验者按顺序通过脚手板未满铺或者劣质脚手板的不良通道；

（2）然后再依次平稳地通过铺满脚手板的安全通道，对比体验施工现场中常见的在劣质脚手板等通道通行所带来的危险性。

2. 体验注意事项

（1）体验者须双手扶住通道两边的栏杆，缓慢通过不良通道；

（2）双脚必须在通道木板踩实后，再向前迈步走过去，避免木板打滑和移动造成人员滑落；

（3）小心踩到探头板，不良通道脚手板下的安全网作为最后一道安全保护措施，务必挂紧挂牢。

3. 体验知识点

（1）施工现场的安全通道脚手板必须满铺，切记出现探头板；

（2）安全通道下方必须悬挂可靠固定的安全网，设置安全栏杆。

11　网络远程教育与 VR 技术在建筑安全教育培训中的应用

随着互联网以及虚拟现实技术的兴起和发展，为创新建筑施工安全教育培训方式方法提供了更大的空间。由于建筑企业和项目脱离、流动的特点，网络远程教育更加适合；鉴于一些建筑施工伤害事故无法亲自体验，而 VR 技术可以弥补这一缺陷。目前，网络远程教育与 VR 在我国建筑业逐步得到应用并取得了很好的效果。

11.1　网络远程建筑安全教育培训

传统的安全教育培训方式需要将培训人员集中起来，不仅成本高和对教学设施要求多，还易受到工学矛盾、教学地点、组织管理等因素影响，使建筑安全教育培训的覆盖面及效果均难以得到保证。网络远程建筑安全教育培训（如图 11-1）以在线上网与本地缓存的方式进行培训，更加适应建筑施工企业流动施工、工地分散和施工人员流动性大等特点，有效降低建筑安全教育培训成本。

图 11-1　在线网络培训

建筑施工安全网络教育培训平台分为在线学习、在线测试、在线考试、政策法规、安全培训管理、手机移动学习等板块（如图 11-2～图 11-5）。培训课程主要分为入场安全教育课程、通用安全操作规程、典型事故案例分析、通用安全生产知识等多项内容。覆盖了一线施工操作普工、建筑施工特种作业人员、施工现场管理人员、施工项目负责人等岗位，将课程内容以文字、图片、语音、视频等方式在平台上展示，学员可在网络教育培训平台上进行选课培训。该平台的在线考核系统，可以实现培训效果的评价、考核和鉴定功能。该功能主要是通过培训学时、课程点播、无纸化理论考试和实操模拟考试等，对培训结果进行评价考核。根据考核要求，该平台可以开设理论考试系统，由系统自行评分得出结果；实操模拟考试系统可在网络上展示模拟情景，以影像、音频、文字的形式进行提问，由学员模拟操作进行考试。在理论与实操模拟通过后，学员可以在平台上打印培训及鉴定证明，报名参加下阶段的现场培训及考核。

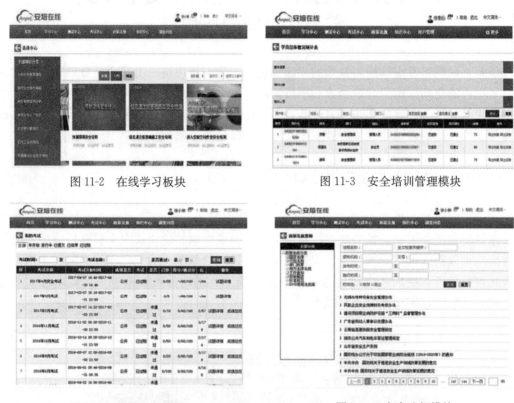

图 11-2　在线学习板块　　　　　　　　图 11-3　安全培训管理模块

图 11-4　在线考试模块　　　　　　　　图 11-5　安全法规模块

　　建筑施工安全网络教育培训平台对学员的管理采取实名制。参训企业必须实名认证才能在该平台注册企业账号，并在培训系统中录入参训人员基本信息，开通个人培训账号。学员须通过个人账号参加培训学习。学员管理系统可实现对学员登录状态、次数、培训课时、进度、考核成绩等全面跟踪，自动记录学员参加学习的历史数据，以作为培训结果考核依据。学员用身份证号登录，采用人脸扫描等现代化信息技术采集并存储学员基本信息、就职企业、安全教育培训等基础数据，形成学员数据库，可杜绝一人在若干企业中重复申报的现象发生。

　　由于建筑施工专业技能和安全培训的对象，主要是施工企业的在职人员，一般很难做到完全脱产学习，而网络教育培训打破了传统培训模式的时空限制，只要是有电脑与网络，学员就可以自主选择参加培训的时间和地点，较好地解决了学员的"工学矛盾"（如图 11-6）。网络教育培训还可以整合行业的优秀教师和课程资源，满足学员的个性化培训需求，形成更完整、更丰富、更成熟和有梯度的教育培训体系。网络教育培训不仅可以让学员自主选择课程，更无参加培训次数的限制，只要学员需要就可以反复观看课程直至完全掌握。网络教育培训可以同时满足千百人甚至更多人在线参加学习，解决了传统培训模式受人手、场地及经费等限制，培训规模小，难以实现安全教育培训全覆盖的问题。网络教育培训还实现了无纸化办公与远程自动化管理，提高了效率，降低了成本。

图 11-6　安全培训现场

11.2　VR 建筑安全体验培训

随着实体的体验式建筑安全教育培训方式的发展和 BIM（建筑信息模型）技术在工程建设中的推广应用，VR 虚拟现实技术也在建筑安全教育培训中得到了开发运用。

VR 是 Virtual Reality（即虚拟现实）的简称。这是一种可以创建和体验虚拟世界的计算机仿真系统。VR 虚拟现实技术在建筑安全教育培训中的应用，就是利用计算机生成一种施工现场各类危险源及多发事故的模拟环境，采用交互式的三维动态视景和实体行为的系统仿真，让体验人员穿戴 VR 设备沉浸到虚拟现实的环境中，通过 VR 世界的沉浸感将体验者置身于高处坠落、物体打击等"真实的"施工伤亡事故场景中，直观地感受到违章作业带来的危害，让体验者真正从内心认识到预防事故的重要性。如图 11-7 所示。

图 11-7　VR 体验

VR 虚拟现实技术在建筑安全教育培训中的应用，首先是要利用 BIM 技术，根据施工现场的实景搭建 3D 场景模型，将场景模型导入 VR 程序引擎，配合引擎的渲染技术，设计出逼真的 VR 场景环境（如图 11-8），再按安全体验需求进行后续的场景交互程序开发。它也可以将实体的安全体验馆创建成逼真的 VR 场景环境，进行 VR 虚拟现实体验。

图 11-8　建筑施工现场 VR 场景

　　实施 VR 虚拟现实体验，体验人员要穿戴 VR 头盔，进入 VR 场景环境。体验人员进入 VR 场景环境后，第一感受就是场景真实，配上施工现场声效，更是让人感觉身临其境。图 11-9 是模拟天津周大福项目，距地面 287m 高，在没有防护状态下的高处行走和高处坠落的体验过程，展示高处坠落、触电、物体打击、基坑坍塌各事故视角图片。

高处坠落事故

触电事故

物体打击事故

基坑坍塌事故

图 11-9　VR 建筑事故体验视角

在体验过程中，尽管体验者知道自己所处的真实位置是在地面，但仍然有易于从高处坠落的恐惧感，从而感受到无防护状态下高处作业的危险性。再如，模拟高处坠物伤人的体验，当体验者进入 VR 场景环境后，扣件等物体从高处坠落击打到头部，可以伴随着声音、VR 穿戴设备的震动，让体验者感受到被物体打击时的恐惧感。

VR 虚拟现实技术同 BIM 技术相结合，可以根据不同的施工现场和不同的施工阶段，打造出各种逼真的虚拟体验场景，让体验人员体验到施工过程中可能发生的各种安全问题，其场景更加真实，内容更加丰富，体验环境更加贴近工地现场实际，特别是可以体验到一些难以搭建或危险性很高的项目。VR 世界的沉浸感，可以更好地让体验者达到身临其境、心惊胆战的效果，更有效地使他们认识到发生事故的危害性及预防事故的重要性。

网络远程教育与 VR 虚拟现实技术建筑安全体验培训的开发运用，是对实体性的体验式建筑安全教育培训方式的又一科技进步。丰富的网络安全教育视频与完善的培训管理平台可以替代传统安全教育的形式，而且效果更加显著。建立 VR 虚拟现实的安全体验技术平台，可以展现出更多的安全体验场景，能与不同工程项目的施工现场结合得更加紧密。两种先进的培训方法使建筑安全教育培训更具有针对性、实效性，还可弥补实体性安全体验场馆的屡屡建设和场地占用面积问题，节省资金和材料物资，更加体现绿色环保的原则，并可有效降低具有一定危险性项目的体验风险，有着更为广阔的发展前景。

参考文献

[1] 杨书林．中国企业员工培训现状的思索［J］．集团经济研究，2005 年第 3 期．

[2] 孙瑜．体验式学习理论及其在成人培训中的运用［D］．上海：华东师范大学硕士学位论文，2007：20．

[3] 王端武，王浩．中央企业安全管理工作调查与思考．中国安全生产科学技术．2005.8. P63～65.

[4] 银星严．企业员工体验式培训及应用［J］．现代企业，2007（10）：15-16．

[5] 杜冲．体验式培训对建设高效企业团队的作用［J］．武汉市经济管理干部学院学报，2005．

[6] KennehtL. Miller. ObjectivebasedSeafytTraining. Lewispub. 1998. p13-69.

[7] B. TophoJ. Fundamentals for developing effectivesafety training. Division of Chemical Health and safety of the American Chemical Society. 2005 . 12. P9-12.

[8] Joel Schettler. Learning by doing［J］. Training, Apr2002；39，4；Academic Research Library pg. 38.

[9] Tariq S. Abdelhamid, John G. Everett. Identifying Root Causes of Construction Accidents. Journal of Construction Engineering and Management，2000（1）：52-60.

[10] M. Knowles. The Adult Learner，4thed［M］，Houston，TX：GulfPublishing，1990.

[11] 石金涛主编．培训与开发［M］．中国人民大学出版社，2003 年 1 月．

[12] 谢福星，高核．企业员工培训的发展趋势［J］．现代企业教育，2004 年第 12 期．

[13] 姚梅林．从认知到情境：学习范式的变革［J］．教育研究，2003，2．

[14] 屈松，谢钢．试论体验式培训在现代社会中的作用［J］．集团经济研究，2007．

[15] 于华．体验式培训在企业培训中的应用研究［D］．山东大学，2009．

[16] 陈雪．企业员工体验式培训研究［D］．山东大学，2006．

[17] 建设部政策研究中心．建筑业改革与发展报告．2008-2012．

[18] 任长江．体验式培训及其兴起的深层次原因［J］．中国人力资源开发，2004.08．

[19] 张瑜．体验学习：关注学生生命在场的学习方式［D］．扬州大学，2011．

[20] 姜子习．体验式培训的内涵分析［J］．青年记者，2007，12：142-143．

[21] 徐晓建．体验式培训在我国公务员培训中的应用研究［D］．南京师范大学，2014．

[22] 王运启．如何让培训更有效果与价值？［N］．财会信报，2015-01-19D02．

[23] 万建强．拓展训练的思维方式引入高校篮球教学的可行性分析［D］．陕西师范大学，2015．

[24] 刘忠坤．高校拓展训练的教育价值研究［J］．文教资料，2012，14：142-143．

[25] 赵小军．成人体验式拓展培训的应用研究［J］．北京宣武红旗业余大学学报，2014，02：50-54．

[26] 巩亮．体验式培训的实施策略［J］．中国人力资源开发，2005，03：49-51．

[27] 石俊．体验式培训——做学习的主人［J］．IT 经理世界，2001，23：88-89．

[28] 贾爱武．体验学习理论与外语教师专业发展［J］．现代基础教育研究，2011，03：80-84．

[29] 陶金元．体验式培训的理论基础分析［J］．华东经济管理，2008，03：141-143.

[30] 胡玉银，康建业，华山．体验式培训的由来及作用［J］经济师，2008，(1)．

[31] 何维．体验式培训实践中存在的问题及对策［J］．中国培训，2006 (3)：20-21.

[32] 冯现防．体验式培训的准备与实施［J］．中国人力资源开发，2007 (3)：45-47.

[33] 朱方伟，王国红．企业在职培训的人力资本分析及其投资决策［J］．中国软科学，2003 (9)：84-87.

[34] 王春花．体验式培训效果影响因素分析［J］．青年记者，2007 (14)：174.

[35] (英) 柯林·比尔德、约翰·威尔逊著，黄荣华译．体验式学习的力量［M］．中山大学出版社，2003 年 7 月版．

[36] 宝洪江．体验式培训：人力资本积累的新途径［D］．重庆：西南财经大学，2006.

[37] 徐乐群．直面体验是培训［J］．中国职业技术教育，2004 (15)：48.

[38] 王雪．现代培训管理［M］．中共中央党校出版社，1997.

[39] 刘凡齐．我国体验式培训行业现状调查及对策分析［J］．华东经济管理，2007.

[40] 石立伟．体验式培训的动作流程［J］．企业改革与管理，2003.1.

[41] 李明玥．建筑业农民工安全教育培训研究［D］．武汉工程大学，2014.

[42] 代锦．对我国发展体验式培训的思考［J］．职业培训，2009，7：38-40.

[43] 陶金元．体验式培训的理论基础分析［J］．华东经济管理，2008，3：141-143.

[44] 王林，苏国胜，李欣等人．石化企业体验式安全培训模式探讨［J］．安全管理，2012，12：52-54.

[45] 张孟春．建筑工人不安全行为产生的认知机理及应用［D］．清华大学，2012.

附件 1：北京城市副中心工程安全体验培训中心简介

北京城市副中心工程安全体验培训中心，占地约 2000m²，共有 35 项体验培训项目，涵盖了建筑施工现场主要风险源，是目前国内体验培训设施最完整、规模最大的全模块化建筑安全体验培训中心。整个场馆采用模块化（硬件模块、软件模块）的搭建方式，能够灵活组合、复用性强，通过线上软件服务管理平台以及 APP 手机移动终端的软件开发应用，实现了教育培训工作的高效、科技、智能、系统、复用等功能效果。

培训中心于 2016 年 7 月正式运营，现已累计培训工人近 4 万人次。因现场条件限制及业务需要，培训中心于 2017 年 2 月进行了整体搬迁，整个场馆搬迁仅用了 4 天时间，充分体现了模块化搭建的优势。由于场地条件限制，现中心占地面积 900m²，共留有 28 项典型体验培训项目，新研发引进的 VR 安全体验项目是目前安全教育方面场景最完整、虚拟现实效果最好的项目。

为更好地服务于北京城市副中心建设项目，指挥部已协调了一块规划代建区（占地 2600m²），预计 6 月份培训中心将进行第二次整体搬迁，届时将引进 3D 动漫视频、土方坍塌、隧道安全等体验项目，共计 45 个体验项目。

体验式安全培训改变了"以教为主"的模式，能够全方位、多角度、立体化地模拟施工现场存在的危险源和可能导致的生产安全事故，可以让体验者亲身体验不安全操作行为和设施缺陷所带来的危害，提高工人的安全生产意识，促使工人从"要我安全"向"我要安全"的转变。

北京城市副中心工程安全体检培训中心鸟瞰图

高校安全工程专业研究生培训　　　　　　　　　接待国外友人

体验中心工作人员合影

附件2：北京市建筑施工从业人员体验式安全培训教育管理办法（暂行）

第一章 总则

第一条 为建立本市建筑施工从业人员体验式安全培训教育工作长效机制，进一步强化建筑业从业人员的安全培训教育工作，有效消除人的不安全行为所造成的生产安全事故隐患，依据《中华人民共和国安全生产法》、《中共中央 国务院关于推进安全生产领域改革发展的意见》、《建设工程安全生产管理条例》、《北京市安全生产条例》,《北京市建设工程施工现场管理办法》制定本办法。

第二条 本市行政区域内房屋建筑和市政基础设施施工领域从业人员的体验式安全培训教育活动，适用本法。

本市行政区域内，从事房屋市政工程新建、扩建、改建等有关施工活动的建设、施工、监理、具有建筑安全体验式培训功能的场所管理单位（以下简称培训场所管理单位）等有关单位及其人员和市、区住房城乡建设委员会安全监督机构应当遵守本规定。

从业人员包括：施工总承包单位的项目管理人员、专业分包单位的项目管理人员、劳务分包单位的管理人员和所有在一线参与施工的作业工人。

第三条 本办法所称体验式安全培训教育是指在原有的安全教育的基础上，通过视、听、体验相结合的方式，让受训人员全方位、多角度、立体化地体验建筑施工现场存在的危险源和可能导致的生产安全事故的一种安全生产培训教育方式。

第二章 体验式培训设施建设

第四条 体验式安全培训设施是指由建设单位、施工单位、项目单位或政府部门投资建设的体验式培训场所，主要有安全培训体验基地和安全体验区两种形式。

第五条 安全培训体验基地是指在固定场所建设的，具有多媒体培训教室、体验式培训设施，配备相应的培训讲师，能够组织从业人员进行理论培训和实操培训的培训场所。

第六条 安全体验区是指由建设单位或施工单位在项目施工现场建设的，具有一定规模体验式培训设施，能够为本项目从业人员进行体验式安全培训的区域。鼓励采用装配式、标准化的构件，提高体验区的利用率和周转率，降低企业成本。

第七条 安全培训体验基地的建设应该统筹考虑、合理布局，结合当前体验基地建设现状合理选址建设。建设完成后需经市住房城乡建设委实地考察确认后列入《北京市建设系统体验式安全培训基地名单》并向社会公布，该名单每半年更新一次。

安全体验区建设完成后需到属地各区住房城乡建设主管部门进行报备，由其负责登记管理。

第八条 体验式安全培训课程至少应当包括两部分内容：

（一）理论课程

1. 从业人员的权利和义务；

2. 劳动防护用品的使用；

3. 施工现场常用安全管理知识；

4. 施工现场常见六大类伤害事故案例；

5. 从业人员相关技能培训。

（二）实操课程

应具备但不限于以下项目：高处坠落、墙体倒塌、综合用电、移动式操作架倾倒、平衡木、临边防护、安全帽冲击、劳动防护用品穿戴、人行马道、消防演示、急救演示等体验项目。

第九条　从业人员每年应至少参加一次体验式安全培训，学时应当不少于 2 学时，新入场人员应于进场后 15 日内完成体验式安全培训，未参加体验式安全培训教育及安全教育考核不合格的人员不得上岗。

第十条　通过体验式安全培训的从业人员取得体验式培训合格证明，合格证明由体验式培训管理单位负责制作、发放。合格证明应载明受训人员基本身份信息、培训时长、考核结果、培训时间等信息。体验式安全培训管理单位应将从业人员培训情况进行记录、保存。

第三章　施工单位的职责

第十一条　施工单位作为从业人员安全培训的责任主体，应将体验式安全培训作为一项重要内容纳入企业安全生产教育培训制度，并列入年度教育培训计划，组织所属工程项目参加体验式安全培训。

第十二条　施工单位应将体验式安全培训作为工程项目的考核指标之一，定期组织开展考核工作。

第十三条　施工单位应结合实际，丰富安全教育培训方式，通过企业采购的方法，开展流动式体验式培训，统一组织内部体验式安全培训。并结合企业施工内容，完善体验式培训课程，实现从业人员素质有针对性地提升，施工现场安全事故隐患得到有效消除。

第十四条　工程项目是组织从业人员开展体验式安全培训的实施主体，应当积极组织从业人员参加体验式安全培训，与新工人入场三级安全教育相结合，发挥安全教育的本质性作用，提高教育质量。

第十五条　工程项目组织体验式培训过程中，应当确保从业人员体验安全，统一组织到片区安全培训基地参加培训，应当确保从业人员交通安全。

第十六条　工程项目应当将体验式培训所产生的费用，纳入本单位安全资金投入，不得将培训费用等相关费用转移或变相转移给从业人员。

第十七条　工程项目安全管理机构的体验式培训职责

积极组织从业人员参加体验式培训；

宣传、引导体验式培训的重要性，并根据工程特点，结合体验式教学方式，将正确的操作行为灌输到从业人员。

开展施工现场体验式培训情况检查，实现体验式培训率达 100%。

分工种统计、分析体验式培训情况，并做好信息保存。

第四章　监理单位的职责

第十八条　监理单位应做好工程项目组织参加体验式安全培训的督促、检查工作，确保施工现场从业人员体验式安全培训全覆盖。

第十九条　监理单位应协助建设单位检查从业人员上岗前的培训情况，发现未通过培训上岗的，立即要求施工单位整改。

第五章　体验式安全培训设施管理单位的职责

第二十条　体验式安全培训设施管理单位应当建立健全体验式培训管理制度，制定培训课程计划和操作说明书，聘请有施工安全管理经验的讲师进行授课及现场讲解工作。

第二十一条　体验式安全培训设施管理单位要组织相关单位或专业人员对体验设备、设施进行检测、验收。合格后方可投入使用。在使用过程中，产权（管理）单位应加强对体验设备、设施的日常检查和维护保养，确保体验人员的安全。培训基地（机构）的资质应符合相关法律法规的要求。

第二十二条　体验前，体验式安全培训设施管理单位应对体验人员进行身份核对，并进行安全操作交底，说明体验过程中的相关安全注意事项，并与参加培训的单位签订安全协议，明确双方的责任，因体验人员不服从安排、不遵守安全及注意事项等原因造成伤害的，体验式安全培训设施管理单位不承担相应责任。

第二十三条　鼓励体验式安全培训设施管理单位研究制定流动式体验基地，切实通过体验设备的周转满足本市体验式培训的需求，提高体验设施的利用率。

第六章　监督管理

第二十四条　市、区建设行政主管部门在开展日常监督检查中发现未进行体验式培训，造成事故隐患的，由市区建设行政主管部门依据《建设工程安全生产管理条例》，责令限期改正，可以处五万元以下的罚款；逾期未改正的，责令停产停业整顿，并处五万元以上十万元以下的罚款，对其直接负责的主管人员和其他直接责任人员处一万元以上二万元以下的罚款；并依据市住房城乡建设委《北京市建筑业企业资质及人员资格动态监督管理暂行办法》对相关责任单位责任人员进行处理。

第二十五条　因体验式培训教育不到位导致生产安全事故的企业，市住房城乡建设委对其安全生产条件进行动态核查，发现降低安全生产条件的，将暂扣安全生产许可证，并停止其在京投标资格。

第二十六条　建设单位、施工单位、监理单位等未按照本规定开展体验式培训的，责令限期整改；逾期未整改的，责令停止施工；情节严重的，暂停责任单位在京招投标资格30至90日。

第二十七条　本办法自 2017 年　　月　　日起实施。